"十四五"时期国家重点出版物出版专项规划项目

面向2035：中国生猪产业高质量发展关键技术系列丛书

总主编 张传师

猪场生物安全防控关键技术

○主 编 陈亚强 陈红跃 梁柱林
○顾 问 何启盖

中国农业大学出版社
·北京·

内 容 简 介

本书从生物安全概念在养猪业中的发展历程开始，以猪场外部生物安全体系、猪场内部生物安全体系、猪场生物安全评估体系以及猪场生物安全系统梳理为主要内容，从猪场生物安全角度介绍了猪场引种、车辆、外来人员、物料等外部管理，猪场建设、环境、营养与生物安全的关系，猪场防疫的具体措施与猪场实务当中应该注重的生物安全细节，符合生物安全规范的猪场废弃物处理的方式方法，猪场如何运用生物安全评估体系对生物安全的总体进行评估，以期为养猪业从业者提供一些参考和帮助。

图书在版编目(CIP)数据

猪场生物安全防控关键技术 / 陈亚强，陈红跃，梁柱林主编. --北京：中国农业大学出版社,2022.1(2023.11 重印)

（面向 2035：中国生猪产业高质量发展关键技术系列丛书）

ISBN 978-7-5655-2672-5

I. ①猪… II. ①陈…②陈…③梁… III. ①养猪场-安全管理 IV. ①S828

中国版本图书馆 CIP 数据核字(2021)第 260364 号

书　　名	猪场生物安全防控关键技术			
作　　者	陈亚强　陈红跃　梁柱林　主编			

执行总策划	董夫才　王笃利		责任编辑	赵　艳
策 划 编 辑	赵　艳		封面设计	郑　川
出 版 发 行	中国农业大学出版社			
社　　址	北京市海淀区圆明园西路 2 号		邮政编码	100193
电　　话	发行部 010-62733489,1190		读者服务部 010-62732336	
	编辑部 010-62732617,2618		出　版　部 010-62733440	
网　　址	http://www.caupress.cn		E-mail cbsszs@cau.edu.cn	
经　　销	新华书店			
印　　刷	涿州市星河印刷有限公司			
版　　次	2022 年 3 月第 1 版　2023 年 11 月第 2 次印刷			
规　　格	170 mm×240 mm　16 开本　11.75 印张　225 千字			
定　　价	48.00 元			

图书如有质量问题本社发行部负责调换

◆◆◆◆◆ 丛书编委会

◆◆◆◆◆ 编写人员

主　编 陈亚强　重庆三峡职业学院
陈红跃　重庆市畜牧技术推广总站
梁柱林　广东省肇庆市畜牧兽医局

副 主 编 彭津津　重庆三峡职业学院
张乐宜　华南农业大学
杨金龙　重庆市畜牧科学院
张　科　重庆市畜牧技术推广总站

编　者（按姓氏笔画排序）
卜新宇　重庆市黔江区畜牧发展中心
王　怡　重庆三峡职业学院
王艳午　广西农垦金光农场
朱　燕　重庆市畜牧技术推广总站
闫晓霞　云南省西双版纳州动物疫病预防控制中心
李　赞　广东东瑞农牧有限公司
佘志成　金宇保灵生物药品有限公司
冷章明　湖南七久牧业科技有限公司
张　丹　重庆正大农牧食品有限公司
张军杰　金宇保灵生物药品有限公司
张其彬　四川省内江市东兴区农业农村委员会
张艳琼　重庆正大农牧食品有限公司
张绪兵　重庆正大农牧食品有限公司
罗永莉　重庆三峡职业学院
郑　敏　重庆三峡职业学院
郝永峰　重庆三峡职业学院
胡明武　重庆正大农牧食品有限公司
骆　璐　重庆市动物疫病预防控制中心

黄石磊　重庆三峡职业学院
龚运海　重庆正大农牧食品有限公司
梁鹏帅　广州傲农生物科技有限公司
董春霞　重庆市动物疫病预防控制中心
程邓芳　重庆三峡职业学院
戴茜茜　重庆三峡职业学院

顾　　问　何启盖　华中农业大学

总　序

　　党的十九届五中全会提出,到 2035 年基本实现社会主义现代化远景目标。到本世纪中叶,把我国建成富强民主文明和谐美丽的社会主义现代化强国。要实现现代化,农业发展是关键。农业当中,畜牧业产值占比 30% 以上,而养猪产业在畜牧业中占比最大,是关系国计民生和食物安全的重要产业。

　　改革开放 40 多年来,养猪产业取得了举世瞩目的成就。但是,我们也应清醒地看到,目前中国养猪业面临的环保、效率、疫病等问题与挑战仍十分严峻,与现实需求和国家整体战略发展目标相比还存在着很大的差距。特别是近几年受非洲猪瘟及新冠肺炎疫情的影响,我国生猪产业更是遭受了严重的损失。

　　近年来,我国政府对养猪业的健康稳定发展高度重视。2019 年年底,农业农村部印发《加快生猪生产恢复发展三年行动方案》,提出三年恢复生猪产能目标;受 2020 年新冠肺炎疫情的影响,生猪产业出现脆弱、生产能力下降等问题,为此,2020 年国务院办公厅又提出关于促进畜牧业高质量发展的意见。

　　2014 年 5 月习近平总书记在河南考察时讲到:一个地方、一个企业,要突破发展瓶颈、解决深层次矛盾和问题,根本出路在于创新,关键要靠科技力量。要加快构建以企业为主体、市场为导向、产学研相结合的技术创新体系,加强创新人才队伍建设,搭建创新服务平台,推动科技和经济紧密结合,努力实现优势领域、共性技术、关键技术的重大突破。

　　生猪产业要实现高质量发展,科学技术要先行。我国养猪业的高质量发展面临的诸多挑战中,技术的更新以及规范化、标准化是关键的影响因素,一方面是新技术的应用和普及不够,另一方面是一些关键技术使用不够规范和不够到位,从而影响了生猪生产效率和效益的提高。同样的技术,投入同样的人力、资源,不同的企业产出却相差很大。

　　企业的创新发展离不开人才。职业院校是培养实用技术人才的基地,是培养中国工匠的摇篮。中国生猪产业职业教育产学研联盟由全国 80 多所职业院校以及多家知名养猪企业和科研院所组成,是全国以猪产业为核心的首个职业教育"产、学、研"联盟,致力于协同推进养猪行业高技能型人才的培养。

为了提升高职院校学生的实践能力和技术技能,同时促进先进养猪技术的推广和规范化,中国生猪产业职业教育产学研联盟与中国种猪信息网 &《猪业科学》超级编辑部一起,走访了解了全国众多养猪企业,在总结一些知名企业规范化先进技术流程的基础上,围绕养猪产业链,筛选了影响养猪企业生产效率和效益的 12 种关键技术,邀请知名科学家、职业院校教师和大型养猪企业技术骨干,以产学研相结合的方式,编写成《面向 2035:中国生猪产业高质量发展关键技术系列丛书》。该系列丛书主要内容涵盖母猪营养调控、母猪批次管理、轮回杂交与种猪培育、猪冷冻精液、猪人工授精、猪场生物安全、楼房养猪、智能养猪与智慧猪场、猪主要传染病防控、非洲猪瘟解析与防控、减抗与替抗、猪用疫苗研发生产和使用等 12 个方面的关键技术。该系列丛书已入选《"十四五"时期国家重点图书、音像、电子出版物出版专项规划》。

本系列图书编写有 3 个特点:第一,关键技术规范流程来自知名企业先进的实际操作过程,同时配有视频资源,视频资源来自这些企业的一线实际现场,真正实现产教融合、校企合作,零距离,真现场。这里,特别感谢这些知名企业和企业负责人为振兴民族养猪业的无私奉献和博大胸怀。第二,体现校企合作,产、教结合。每分册都是由来自企业的技术专家与职业院校教师共同研讨编写。第三,编写团队体现"产、学、研"结合。本系列图书的每分册邀请一位年轻有为、实践能力强的本领域权威专家学者作为顾问,其目的是从学科和技术发展进步的角度把控图书内容体系、结构,以及实用技术的落地效应,并审定图书大纲。这些专家深厚的学科研究积淀和丰富的实践经验,为本系列图书的科学性、先进性、严谨性以及适用性提供了有利保证。

这是一次养猪行业"产、学、研"结合,纸质图书与视频资源"线上线下"融合的新尝试。希望通过本系列图书通俗易懂的语言和配套的视频资源,将养猪企业先进的关键技术、规范化标准化的流程,以及养猪生产实际所需基本知识和技能,讲清楚、说明白,为行业的从业者以及职业院校的同学,提供一套看得懂、学得会、用得好,有技术、有方法、有理论、有价值的好教材,助力猪业的高质量发展和猪业高素质技能型人才的培养,助力乡村振兴,为全面建设社会主义现代化国家、实现中华民族伟大复兴的中国梦提供有力的人才和技能支撑。

孙德林　张传师

2022 年 1 月

　　近年来,随着我国现代畜牧业的转型升级,农业结构调整已向纵深推进。生猪产业作为畜牧业的主导产业,向规模化、集约化、标准化、智慧化的现代生猪产业不断迈进。然而,在现代生猪产业蓬勃发展的同时,一些难以控制的疾病也陆续出现,给生猪养殖业造成了巨大的经济损失,同时也让人们对动物健康及其与生物安全的关系有了更深层次的理解。尤其是非洲猪瘟等事件反映出了传统的养殖场(户)大部分是有免疫,而无防疫,生物安全理念匮乏,生物安全管理意识淡薄等问题,此类事件带来的惨痛教训,不得不让过去几年行业热衷的"效率第一,成本为王"的经营理念,逐步回归到"安全第一"的原点之上,我国猪病的防控水平也逐渐提高到生物安全视角下的大环境、大群落、大兽医的概念。

　　本书包括 5 章,从生物安全在养猪业中的起源开始,阐述猪场外部生物安全体系、猪场内部生物安全体系、猪场生物安全评估体系的构建、猪场生物安全系统梳理,经过深入研究、科学分析,从生物安全角度出发,以外来因素与内部因素为逻辑线,归纳总结了猪场引种管理、人员管理、洗消管理、建设规划、环境控制、营养调配、防疫管理、内部实务管理、废弃物处理、生物安全评估等多个与猪场生物安全息息相关的内容。第 1 章生物安全在养猪业的起源由陈亚强编写;第 2 章猪场外部生物安全体系由张乐宜、梁鹏帅、王艳午、李赞编写;第 3 章猪场内部生物安全体系中的 3.1、3.2 由程邓芳和郝永峰编写(张科校对),3.3 由彭津津编写,3.4 由郑敏、罗永莉、黄石磊编写(董春霞校对),3.5 由黄石磊编写(骆璐校对),3.6 由戴茜茜编写(杨金龙校对);第 4 章猪场生物安全风险评估体系由王怡编写(陈红跃、骆璐校对);第 5 章由梁柱林编写;附录由陈亚强收集整理,其余编者提供了相关图片及视频。

本书内容重视科学性、先进性、实用性和适用性,配有大量来源于生产一线的图片和视频,旨在为广大生猪产业从业人员提供参考。

本书编写得到了各参编单位领导、老师的支持和帮助,是编写团队共同努力的成果;此外,还得到了华中农业大学何启盖教授、重庆生猪产业技术体系、重庆正大农牧食品有限公司的大力支持,在编写中引用了同行专家的文献资料,在此一并表示感谢!

本书由中国生猪产业职业教育产学研联盟与中国种猪信息网 &《猪业科学》超级编辑部组织编写。

由于编写时间仓促,加上编者水平有限,书中难免有不当之处,恳请读者批评指正。

编 者
2021 年 10 月

目　录

第1章

生物安全在养猪业的起源

【本章提要】为了降低当前疫病肆虐的养殖环境对生猪养殖造成的经济损失，合理的生物安全体系设计及生物安全管理是养猪人必须重视的问题。本章主要介绍生物安全的概念、意义以及其在养猪业中的发展历程。

1.1　生物安全的现代概念

随着现代畜牧业的转型发展，生物安全越来越受到重视，生物安全管理已经成为现代养殖当中不可或缺的管理内容。

1.1.1　一般性概念

2021 年 4 月 15 日起实施的《中华人民共和国生物安全法》中所指的"生物安全"定义为：国家有效防范和应对危险生物因子及相关因素威胁，生物技术能够稳定健康发展，人民生命健康和生态系统相对处于没有危险和不受威胁的状态，生物领域具备维护国家安全和持续发展的能力。

2019 年联合国粮农组织（FAO）/世界卫生组织（WHO）/世界动物卫生组织（OIE）对生物安全的定义是：为了降低病原传入与传播的风险而采取的措施，它要求有一定的重视程度和执行力度，以降低畜禽、野生动物及其产品传播病原的风险。

2013 年 PIC 美国兽医 Jer Geiger 将生物安全定义为：生物安全是一种理念或态度，一项以保持并改善畜群健康水平为重点、防止引入新病原的举措。

1.1.2　养殖中的概念

养殖中的生物安全主要是指现代养殖活动中，为保证饲养动物健康成长和人员公共卫生安全而采取的一切有必要的预防和控制措施。

从学术上讲,把这些能够减少或阻断病原传入猪场的措施,统称为外部生物安全;把阻止病原在猪场内部传播的措施,统称为内部生物安全。

无论是在猪场之间还是在猪场内部,生物安全的关键概念是避免疾病传播。因此,采取的措施必须具备降低病原传播的可能。这就要了解应避免的疾病的流行病学,特别是传播途径、病原体在环境中的稳定性以及病媒的作用。

1.1.3　生物安全管理相关概念

1.1.3.1　生物安全隔离区

生物安全隔离区是指依据 OIE 法典设立的标准建立的,在共同生物安全管理体系之下的某一企业、企业集团,该区域内含有卫生状况明确的一个动物亚群体。生物安全隔离区建设是动物疫病区域化管理模式的两类基本类型之一。

随着各国无疫区建设的蓬勃发展,以及人们对动物疫病认识程度的不断深入,近年来人们已经认识到,对于那些难以在国界或边界处控制其传入的疾病,在整个国家水平或在一定区域水平建立和维持无疫状态是比较困难的。因此,在 2003 年6 月世界贸易组织(WTO)会议上,OIE 代表提出了动物疫病区域化政策的新理念——生物安全隔离区划。在 2005 年 6 月 OIE 召开的第 73 次年会上,关于"生物安全隔离区划"条款的修订获得了通过,并载入了 2005 年《陆生动物卫生法典》。这种区域化模式是以企业为核心和基础,即通过采取生物安全管理控制措施等手段,建设无疫生物安全隔离区。

《中华人民共和国动物防疫法》对无规定动物疫病生物安全隔离区的概念做出了解释:是指处于同一生物安全管理体系下,在一定期限内没有发生规定的一种或者几种动物疫病的若干动物饲养场及其辅助生产场所构成的,并经验收合格的特定小型区域。

1.1.3.2　无规定动物疫病区

OIE 无规定疫病则是指符合《动物卫生法典》规定要求,证明没有引起有关疾病的病原体的地区在该区域内及其边界,对动物和动物产品及其运输实施有效的官方兽医控制。

《中华人民共和国动物防疫法》对无规定动物疫病区的概念做出了解释:无规定动物疫病区,是指具有天然屏障或者采取人工措施,在一定期限内没有发生规定的一种或者几种动物疫病,并经验收合格的区域。

1.2　养猪业生物安全发展历程

生物安全问题引起国际上的广泛关注是在 20 世纪 80 年代中期,1985 年由联合国环境规划署(UNEP)、WHO、联合国工业发展组织(UNIDO)及 FAO 联合组成了一个非正式的关于生物技术安全的特设工作小组,开始关注生物安全问题。

　　国际上对生物安全立法工作引起重视是在 1992 年召开联合国环境与发展大会后,此次大会签署的两个纲领性文件《21 世纪议程》和《生物多样性公约》均专门提到了生物技术安全问题。从 1994 年开始,UNEP 和《生物多样性公约》(CBD)秘书处共组织了 10 轮工作会议和政府间谈判,为制订一个全面的《生物安全议定书》做准备,为了尽快拟定议定书初稿,还召开了 4 次关于《生物安全议定书》的"特设专家工作组"会议。1999 年 2 月和 2000 年 1 月先后召开了《生物多样性公约》缔约国大会特别会议及其"续会",130 多个国家和地区派代表团参加会议讨论有关问题,其中欧盟 15 国最为积极,环境部长全部到会,美国副国务卿参加了此次会议。经过多次讨论和修改,《〈生物多样性公约〉卡塔赫纳生物安全议定书》最终于 2000年 5 月 15—26 日在内罗毕开放签署,其后 2000 年 6 月 5 日至 2001 年 6 月 4 日在纽约联合国总部开放签署。

　　从 1960 年开始,养猪业逐渐从小型家庭养殖场向大规模养殖业转变。这一演变表明,健康和疾病的管理应该以一种新的方式为导向。在 20 世纪 80 年代,诸如"疾病净化"或"SPF 猪场"之类的概念开始普及,并演化成了现代的生物安全概念。20 世纪 70 年代出版物将生物安全定义为"传染病、寄生虫和害虫传播的安全模式",当时能够得到的大多数信息主要是基于一些疾病的流行病学、常识和经验的结合。从 20 世纪 80 年代开始,科技期刊开始发表关于猪场生物安全的论文。

1.3　生物安全法律法规

　　生物安全的建立离不开法律层面的支撑,目前我国有一部针对生物安全的《中华人民共和国生物安全法》,同时也有针对畜牧业发展的《中华人民共和国动物防疫法》《动物防疫条件审查办法》等法律法规。

1.3.1　《中华人民共和国生物安全法》

2020 年 10 月 17 日,第十三届全国人民代表大会常务委员会第二十二次会议表决通过了《中华人民共和国生物安全法》(以下简称《生物安全法》)。这部法律自2021 年 4 月 15 日起施行。

　　我国《生物安全法》共计十章八十八条,聚焦生物安全领域主要风险,完善生物安全风险防控体制机制,着力提高国家生物安全治理能力。

　　《生物安全法》明确了生物安全的重要地位和原则,规定生物安全是国家安全的重要组成部分;维护生物安全应当贯彻总体国家安全观,统筹发展和安全,坚持以人为本、风险预防、分类管理、协同配合的原则。

《生物安全法》明确坚持中国共产党对国家生物安全工作的领导,规定了中央国家安全领导机构、国家生物安全工作协调机制及其成员单位、协调机制办公室和国务院其他有关部门的职责;要求省、自治区、直辖市建立生物安全工作协调机制,明确地方各级人民政府及其有关部门的职责。

生物安全法完善了生物安全风险防控基本制度。规定建立生物安全风险监测预警制度、风险调查评估制度、信息共享制度、信息发布制度、名录和清单制度、标准制度、生物安全审查制度、应急制度、调查溯源制度、国家准入制度和境外重大生物安全事件应对制度等 11 项基本制度,全链条构建生物安全风险防控的"四梁八柱"。

1.3.2 《中华人民共和国动物防疫法》

《中华人民共和国动物防疫法》(以下简称《动物防疫法》)第二十一条规定:国家支持地方建立无规定动物疫病区,鼓励动物饲养场建设无规定动物疫病生物安全隔离区。对符合国务院农业农村主管部门规定标准的无规定动物疫病区和无规定动物疫病生物安全隔离区,国务院农业农村主管部门验收合格予以公布,并对其维持情况进行监督检查。

省、自治区、直辖市人民政府制定并组织实施本行政区域的无规定动物疫病区建设方案。国务院农业农村主管部门指导跨省、自治区、直辖市无规定动物疫病区建设。

除《动物防疫法》外,《动物防疫条件审查办法》也对生物安全体系的建设有一定的参考,详见附录,除此以外,还有一些相关的法律法规(表 1-1)。

表 1-1　其他相关法律法规

法律法规	文号
《病原微生物实验室生物安全管理条例》	国务院令第 424 号
《病原微生物实验室生物安全环境管理办法》	国家环境保护总局令第 32 号
《高致病性动物病原微生物实验室生物安全管理审批办法》	农业部令第 52 号
《人间传染的高致病性病原微生物实验室和实验活动生物安全审批管理办法》	卫生部令第 50 号
《农业转基因生物安全管理条例》	国务院令第 304 号

1.4　猪场生物安全体系建设的意义与原则

1.4.1　猪场生物安全体系建设的意义

1.4.1.1　提升动物疫病综合防控能力

1. 减少病原微生物的数量

病原微生物是导致疾病的条件。为了控制疾病,首先要减少病原微生物的数量,在动物生产中为了满足动物健康需求,主要是通过加强畜禽舍的环境消毒,减少微生物的数量,通过对饮用水的消毒,确保饮用健康水等措施实现。

2. 切断传播途径

切断传播途径是根据不同的传播方式,采取不同的措施,以隔离病原微生物与动物群来达到目的。切断传播途径在实际生产中对动物群的健康尤为重要。若要完全消除病原微生物并不实际,当采用隔离的方式时能够降低病原微生物的水平传播。在空气传播的情况下,养殖场的选址可以避开其他周围养殖场,尽量减少对其他养殖场的威胁。

3. 提高易感动物的抵抗力

为了提高动物的抵抗力,尽可能为动物群提供一个舒适的环境,在确保合适的饲养密度、饲养温度和湿度条件下,保证环境的清洁。同时在必要的前提下开展动物免疫与保健措施,增强动物免疫力,增强动物对特定病原的抵抗能力。

1.4.1.2　维护区域公共卫生安全

21世纪以来,从"非典"到甲型H1N1流感、高致病性H5N1禽流感,从高致病性H7N9禽流感到发热伴血小板减少综合征、中东呼吸综合征,从登革热到埃博拉、寨卡,再到新型冠状病毒引发的肺炎疫情,无一不是对人民生命财产安全的重大威胁。养殖活动是一种人类活动,而现代集约化养殖的动物如果感染传染病极易形成病原库,积累大量病原,如果是人畜共患病病原或者对生态环境有危害的病原,就可能造成重大损失,所以,要想防控这些对人类生存、社会稳定、民族昌盛构成威胁的重大传染病,就需要全社会牢固树立生物安全意识,就需要从事养殖活动的从业机构和个人遵守生物安全规范。

1.4.1.3　保障动物贸易活动

扩大动物及动物产品的国际贸易是OIE开展生物安全隔离区的根本目的。生物安全隔离区可以实现在一个国家范围内某种疫病未消灭的前提下,一些管理水平较高的养殖企业通过采取严格的生物安全管理措施来保证本场动物健康以及动物产品安全,提高企业核心竞争力,有效降低企业维护成本,减少动物疫病对贸易的干扰,保证贸易的顺利开展,快速提升我国畜牧业国际竞争力。

1.4.2　猪场生物安全体系建设的原则

1. 隔离

隔离是生物安全的首要因素,让易感动物远离潜在感染源,这是阻止病原传播最基本的环节,具体操作包括建立物理障碍,控制进出的人、车、物等。

2. 清洗

大部分物体表面的病原污染来源于粪便、尿等排泄物和分泌物,通过清洗可以去除大部分病原污染物。

3. 消毒

消毒是生物安全体系建设中杀灭病原、防止疾病传播入场的有效手段,但在实际操作中,很多猪场的消毒往往是无效的。有效消毒的关键在于清洗彻底、消毒剂选择合理并正确使用,尤其是在猪场普遍比较脏并存在大量有机物的环境下,普通消毒剂很难通过有机污物达到作用部位,猪场应选择复方消毒剂,这样的消毒剂通常含有表面活性剂,可渗透污物,从而做到有效消毒。

4. 监测

监测是猪场生物安全体系建设的重要环节,生物安全措施是否严密,执行是否到位,只能通过严格的生物安全监测,定期检测病原来评价。

1.5　猪场生物安全等级划分

1.5.1　健康等级

猪场生物安全健康等级由猪场饲养猪的代级而定,呈金字塔形。猪场生物安全健康等级从高到低依次为:原种猪场、祖代扩繁场、父母代猪场、商品猪场、育肥猪场(图 1-1)。

在同一个猪场内,不同生产用途及不同生产阶段猪群的生物安全健康等级由高到低依次为:种公猪、种母猪(后备母猪、妊娠母猪、分娩舍母猪、断乳母猪)、保育猪、育肥猪(图 1-2)。

任何猪场,猪只的流动只能从健康等级高的向健康等级低的方向流动,不可反方向流动。

图 1-1 不同代级猪场的生物安全健康等级

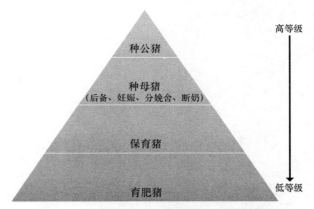

图 1-2 不同生产阶段猪群的生物安全健康等级

1.5.2 洁净等级

猪场生物安全区域按洁净程度可划分为净区、灰区和脏区,不同区域可以使用不同的颜色加以区分。未采取相应的措施时,不得进行跨区移动。

净区和脏区是相对的概念,在猪场的任何一个区域里,都有净区和脏区的区别。例如,在猪场内部,生活区相对于门卫室是净区,而相对于生产区则是脏区。对于猪疫病来说,被病原污染的区域是脏区,没有被污染的区域是净区。灰区是净区和脏区之间的过渡区与准备区,从任何一个脏区进入净区之前,都要先在灰区采取严格的生物安全措施。例如,更衣、换鞋、淋浴、消毒、穿防护服及鞋套等(图 1-3)。

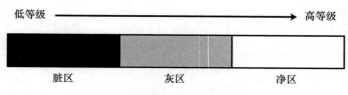

图 1-3　猪场洁净程度划分

 思考题

1. 生物安全在养殖中的概念是什么？
2. 生物安全在现代畜牧业发展中的作用是什么？
3. 猪场生物安全的重要性是什么？
4. 我国从事养殖活动生物安全有哪些法律规定？
5. 猪场生物安全等级如何划分？

第2章

猪场外部生物安全体系

【本章提要】猪场的外部生物安全可以直观地理解为"来自外部的危险",要采取的措施就是将这些危险阻挡在外。本章主要介绍猪场外来风险因素的管理,包括猪只的引种管理,外来车辆、物料、人员的管理,以及外围洗消中心的管理等内容。

2.1 引种的管理

规模化猪场从国内外引进优良品种能够有效提高种群的繁殖性能和生产效率,促进本猪场品种更新换代,是规模化猪场长期健康发展的重要手段。然而,引种也是疫病传播的重要途径。因此,引种前必须对引种猪场及当地疫病流行和防疫情况进行充分的摸底,如果在当地或引种猪场有重大疫病的发生,或疑似有疫情出现时,则严禁在该猪场或当地引种。引种的猪场必须是正规的种猪场,在确定了引种猪场无疫情后,还要弄清猪场的生产管理情况、免疫情况、品种的类型、生物安全防控措施等。

因此,为了减少外围潜在危险性疫病感染风险,必须依靠引种检疫和生物安全防控工作加以防范,这对于保障引种安全、促进猪场健康生产具有积极意义。

2.1.1 引进猪的管理

由于当前我国生猪生产系统的特点,为了保持生产效率在期望的标准内,需要定期对现有猪群中生产性能差、经济效益低下的种猪进行淘汰,按照 $30\% \sim 40\%$ 的比例进行更新换代。这意味着在正常的生产情况下,整个种猪(图 2-1,图 2-2)繁殖群体面临每 2～2.5 年更新换代 1 次。这种更新换代主要是通过引种来实现的,那么在引种过程中,存在引入新病原体的可能性,危险系数最高的是引进的种猪猪群及外购公猪精液样品。因此,这就需要掌握科学的引种方法,并注意一些事项,包括引种前的检疫、制定科学的引种计划、选择好目标场、做好种猪的挑选、做好引种过程中的相关工作,并在种猪引进后做好饲养管理和防疫工作。

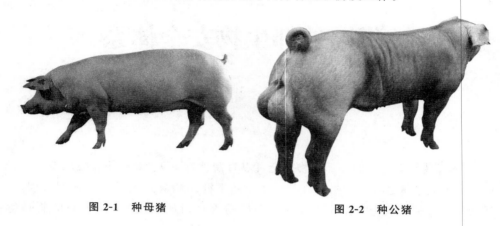

图 2-1　种母猪　　　　　　　　　　　图 2-2　种公猪

2.1.1.1　引种评估

所引进的种猪必须要经过引种资质评估和健康评估。

1. 资质评估

资质评估包括供种场的《种畜禽生产经营许可证》(图 2-3),引进猪具备《种畜禽合格证》《种猪系谱证》《动物检疫合格证明》(图 2-4),从国外引进的,还需要具备国务院畜牧兽医行政主管部门的审批意见和出入境检验检疫部门的检测报告。

图 2-3　种畜禽生产经营许可证

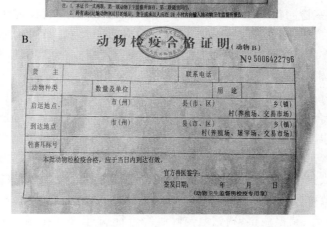

图 2-4　动物检疫合格证明(A 证为跨省,B 证为省内)

2.健康度评估

引种前评估供种场猪群健康状态,供种场猪群健康度要高于引种场。评估内容包括:猪群临床表现;口蹄疫、猪瘟、非洲猪瘟、猪繁殖与呼吸综合征、猪伪狂犬病、猪流行性腹泻、猪传染性胃肠炎等病原学和血清学检测;死淘记录、免疫档案、生产记录等能客观反映种猪性能及防疫情况的资料。

2.1.1.2 引进猪的检疫

1.引种前检疫

在引种之前,必须询问输出地动物卫生监督机构,了解输出地的生猪疫病的流行特点和流行现状,调查了解供种场及周边 13 km 范围内近 6 个月内的疫情情况,确定输出地属于非疫区后,可以按规定引进种猪。在确定供种场时,应当对供种场的实际情况进行调查,认真查看供种场资质、免疫档案、生产记录等。跨省、自治区、直辖市引进种猪应严格按照《动物检疫管理办法》要求,向输入地的动物卫生监督机构提出引种申请,申请通过后按规定向输出地县级动物卫生监督机构申报检疫。

在引种时,不仅要保证种猪的品种、特性符合相关要求,还需要保证种猪的健康。因此,在挑选种猪时要对其静态、动态以及意识等情况进行全面检查。通常情况下,健康的种猪应当膘情适宜、四肢较为健壮、无皮肤病变、呼吸平稳、体温正常、具有良好的精神状态和旺盛的食欲、对外界刺激反应灵敏、排便以及排尿正常。

在引种运输前 15~30 d,必须在原种猪场或隔离场对选定种猪进行引种前的 1 次隔离检疫,并按照国家种畜禽引种要求抽样检测国家强制免疫病种的免疫抗体水平,确定动物处在免疫有效期内。检疫结果经官方确认后,方可引种。

2. 引种前后疫病抗原抗体监测

(1)引种前。按 5%~20% 的比例采集所引种群体血清,通过第三方实验室或其他法定实验室检测猪口蹄疫 O 型和 A 型病毒抗体、猪瘟病毒抗体、猪繁殖与呼吸综合征病毒抗体、猪伪狂犬 gB 疫苗毒抗体、猪伪狂犬 gE 野毒抗体、猪圆环病毒抗体、非洲猪瘟病毒抗体等免疫抗体,进行背景摸底调查;全群采集全血或血清检测非洲猪瘟病毒。

(2)引种时。公猪全群进行猪口蹄疫 O 型和 A 型病毒抗体、猪瘟病毒抗体、猪繁殖与呼吸综合征病毒抗体、猪伪狂犬 gB 疫苗毒抗体、猪伪狂犬 gE 野毒抗体、布鲁氏菌抗体、非洲猪瘟病毒抗体等常见疫病抗体项目的检测;母猪群按照 10%~20% 的比例进行猪口蹄疫 O 型和 A 型病毒抗体、猪瘟病毒抗体、猪繁殖与呼吸综合征病毒抗体、猪伪狂犬 gB 疫苗毒抗体、猪伪狂犬 gE 野毒抗体、猪圆环病毒 2 型抗体、布鲁氏菌抗体等常见疫病抗体项目的检测;同时对引进的猪群进行猪口蹄疫 O 型和 A 型病毒、猪瘟病毒、猪繁殖与呼吸综合征病毒、布鲁氏菌、非洲猪瘟病毒、猪圆环病毒等抗原检测。

(3)引种后。种猪进入隔离舍 15~30 d 后,按照引种时抗原抗体检测方案进行检测。

(4)进入生产群前。种公猪群猪瘟病毒抗体、猪伪狂犬 gB 疫苗毒抗体、猪伪狂犬 gE 野毒抗体、猪繁殖与呼吸综合征病毒抗体、猪细小病毒抗体、猪乙型脑炎病毒抗体、猪口蹄疫病毒抗体、非洲猪瘟病毒抗体全群检测;母猪群猪瘟病毒抗体、猪伪狂犬 gB 疫苗毒抗体、猪伪狂犬 gE 野毒抗体、猪繁殖与呼吸综合征病毒抗体、猪细小病毒抗体、猪乙型脑炎病毒抗体、猪口蹄疫病毒抗体、非洲猪瘟病毒抗体按 5%~10% 抽样监测;全群进行非洲猪瘟病毒、猪繁殖与呼吸综合征病毒、猪流行性腹泻病毒等抗原检测。

3.监测方法及结果运用

参照国家、地方或行业相关疫病抗原抗体检测技术标准(表2-1,表2-2)进行检测,引种前送第三方实验室或其他法定实验室检测,引种后可根据猪场规模和经济条件建立自有实验室进行抗原抗体监测。

检测结果运用在引种的策略制定以及猪群的投入管理中,按照不同检测结果适时调整策略。

表 2-1 常见猪疫病抗体参考标准

名称	阳性合格率/%
猪瘟病毒抗体	＞80
猪口蹄疫病毒抗体	＞70
猪伪狂犬 gB 抗体	＞80
猪伪狂犬 gE 抗体	0
猪圆环病毒 2 型抗体	＞80
猪繁殖与呼吸综合征抗体	＞80
猪乙型脑炎病毒抗体	＞90
猪细小病毒抗体	＞90

注:一般群体合格率≥70%,但各场根据需要可自行制定参考标准。

表 2-2 常见猪疫病抗原抗体检测参考方法

检测内容	常用检测方法	标准及编号
猪瘟病毒及抗体	RT-PCR/qRT-PCR/ELISA	GB/T 16551—2020
猪口蹄疫病毒及抗体	RT-PCR/qRT-PCR/ELISA	GB/T 18935—2018
猪伪狂犬病毒及抗体	PCR/qPCR/ELISA	GB/T 18641—2018
猪圆环病毒 2 型病毒及抗体	PCR/qPCR/ELISA	GB/T 35901—2018 GB/T 35910—2018
猪繁殖与呼吸综合征病毒及抗体	RT-PCR/qRT-PCR/ELISA	GB/T 18090—2008
猪细小病毒及抗体	PCR/qPCR/ELISA	SN/T 1919—2016
猪乙型脑炎病毒及抗体	RT-PCR/qRT-PCR/ELISA	GB/T 18638—2002
非洲猪瘟病毒及抗体	PCR/qPCR/ELISA	GB/T 18648—2020
布鲁氏菌病原及抗体	ELISA 或凝集试验	NY/T 907—2004

注:表中所列标准为现行有效。

2.1.1.3　引进猪的运输管理

运载种猪的车辆(图 2-5)以及其他用具必须在装运前进行清洗和消毒,洗消最基本的是经过两级洗消,第一级是车辆洗烘站(即车辆洗消中心),第二级是车辆消毒点(即猪场大门的车辆消毒通道和车辆消毒池)。目前一些大型猪场已开始实施车辆三级洗消或四级洗消(图 2-6)。

图 2-5　活猪运输车

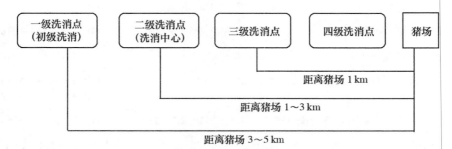

图 2-6　四级洗消示意图

1. 一级洗消点

一级洗消点主要进行车辆的清洗,有条件的可以配备消毒及烘干功能。一般设置在距离猪场 3～5 km,广阔平坦的位置,地面最好硬化,四周设置清洗的蓄水沟和蓄水池,以便污水能够统一收集处理,如果附带消毒功能,则应使用消毒剂体积比为 1:200 的过硫氢酸钾或 250 mg/L 的次氯酸钠溶液进行冲洗(图 2-7)。

冲洗顺序应按照从上到下、从前到后,低压打湿车厢及外表面,浸润 10～15 min。底盘按照从前到后的顺序进行清洗。车厢再按照先内后外、先上后下、从前到后的顺序高压冲洗。注意刷洗车顶角、栏杆及温度感应器等理论死角。

图 2-7 引种车辆场外的一级洗消点

2. 二级洗消点

一般设置在距离猪场 1～3 km 处,即车辆洗消中心,是车辆洗消全过程中最重要的环节站点。车辆在二级洗消点进行外表、底盘、轮胎、车厢、驾驶室的彻底清扫、清洗、消毒、烘干、检测,驾驶员及随车人员进行沐浴、更衣、换鞋、消毒、检测。

二级洗消的详细内容在外围洗消中心中详述。

3. 三级洗消点

运猪车经二次洗消后驶入三级洗消点,如果猪场采用车辆四级洗消模式,则三级洗消点设置在距离猪场 1 km 的地方,可以同猪场物资中转站合并建设。如果猪场只有三级洗消,则三级洗消点为猪场的大门外(表 2-3)。

三级洗消点进行车辆的外表、底盘、轮胎的喷雾消毒,人员不下车。当车辆经过车辆消毒通道时,由自动喷雾机或人工进行喷雾(图 2-8)。

表 2-3　车辆三级和四级洗消模式的洗消点设置表 (距猪场的距离)

洗消模式	一级点	二级点	三级点	四级点
三级洗消	3～5 km	1～3 km	猪场大门	/
四级洗消	3～5 km	1～3 km	1 km	猪场大门

图 2-8　三级洗消点人工喷雾

2.1.1.4　引进猪的隔离

1. 隔离的目的

隔离是为了维持原有猪群的健康状态。让新引进的种猪适应并存在于本场的病原体生产流程和环境中。最大程度地减少引进种猪与场内原有猪群之间病原的相互竞争或应激或打架等情况的出现而导致猪群出现疫情或死亡风险。

2. 隔离准备

种猪在到场前需要进行隔离准备。在国内引种的需要到场后在动物卫生监督机构指定的隔离场或者在场内隔离舍进行隔离,隔离期最好为 30～45 d;从国外引种的,则需要到指定的动物隔离检疫场进行隔离,隔离期一般为 45 d。

在隔离前应提前完成隔离舍或隔离场的清洗、消毒、干燥和空栏,最好在清洗消毒后空栏 1 周,同时应完成药物、器械、用具、饲料等物资的消毒和准备,安排人员专门负责隔离工作,隔离期间单线流动,不与其他生产人员交叉,所有物资单线进行流动和管理,特别需要注意的是在隔离准备前应对隔离舍的圈栏、地面等区域进行非洲猪瘟病原检测,对饮水进行大肠杆菌、沙门氏菌检测。

如果是在专门的隔离场进行隔离,则需要工作人员提前 1 周进入隔离场,在隔离期间遵循只出不进的原则,隔离场生活用品至少要能维持 4 周,所需物资全部由物资中转站转运,食材按照猪场食材的采购办法进行管理,最好设置隔离场的中央厨房,所有物资在进场后在紫外灯下照射 2 h 以上,能够密闭熏蒸的进行熏蒸消毒,物资最好在进猪前 1 周准备齐全。

2.1.1.5　引种猪的隔离观察

运送种猪到达时,安排专人及时对运载车辆和用具进行彻底清洗消毒,用无菌纱布涂擦车辆和用具,作为样品监测特定病原,同时安排专人对种猪体表进行清洗消毒后方可进入隔离舍进行饲养观察。

在隔离观察期内,密切观察猪只临床表现,结合引种场的免疫情况和本场疫病流行情况,进行病原和抗体监测,并制定适合本场后备种猪群的免疫程序和药物保健措施,进行免疫接种和定期驱虫。

经隔离观察抗体监测结果合格,猪群无不食、发烧、消瘦、咳嗽、腹式呼吸、皮肤发红或皮炎、腹泻、肢蹄溃烂肿胀等异常表现后确定为健康猪群,经过对唾液、血液、粪便再次进行重大动物疫病病原(非洲猪瘟病毒、猪口蹄疫病毒、高致病性猪繁殖与呼吸综合征病毒、猪流行性腹泻病毒等)检测结果阴性后,经整体的健康评估和消毒后方可进入生产区与原有猪群混群,以供整个猪群的正常繁殖、生产使用(图 2-9 至图 2-11)。

图 2-9　引种后隔离流程图

图 2-10　隔离舍内部照片

图 2-11　隔离舍外部照片

2.1.2　引进精液的管理

人工授精技术是规模化猪场生产管理的基本技术,多数猪场都有采精及精液稀释的设施设备,而没有这些设备的规模化猪场则需要引进精液。外购猪精液有极大的生物安全风险,主要是精液本身的来源猪可能带有病原,还可能是精液在采集、分装、运输等过程中使精液或外包装带有病原,因此,需要对引进精液进行重点管理。

2.1.2.1 精液的检查

1.感官检查

精液的感官评定非常重要,主要包括精液的气味、颜色和体积。

(1)精液气味检查。正常精液的气味略带有腥味。如果发现有异味,如带有恶臭味则为炎症的表现;如果精液受到包皮的污染,气味也较大。带有异味的精液为不合格精液,如果发现精液内含有血液、有臭味,应弃去,禁止使用。

(2)精液颜色检查。正常精液的颜色应当是灰白色或乳白色,猪正常的精液呈乳白色或灰白色,密度越大,颜色越白;密度越小,颜色越淡。颜色异常的精液,往往是公猪生殖道病变或者外伤引起的。如果精液呈黄绿色或者绿色,可能是生殖道病变或者炎症引起的;如果呈红色,可能是外伤引起的;呈淡黄色时可能混有尿液;呈暗褐色时可能含有陈旧血液或者上皮组织细胞。总之,若精液中出现异物、毛、血等,则说明精液已被污染,应禁止使用并弃去。

(3)精液包装及体积检查。商品化的猪精液包装分为外包装和内包装,外包装一般选择便于低温保存和远距离运输的箱体,如小型专用冷藏冰箱、泡沫箱、疫苗箱等。内包装一般有输精瓶和输精袋2种(图2-12)。外购精液,一定要做好内外包装的完整性检查。其次要检查箱内的温度,特别是在远距离运输的情况下,冰箱的电量是否充足,箱内的温度是高是低还是持续恒温都需要检查;箱内的保鲜冰袋是否融化,是半融化状态还是完全融化,都需要仔细检查。最后要检查精液瓶或精液袋的完整性,是否存在破损、体积减少、漏液,检查摆放方式是否正确,是平放还是竖放等情况。

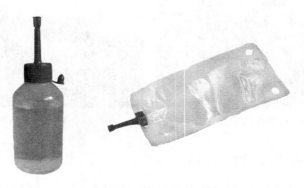

图 2-12　精液瓶和精液袋

(4)精液酸碱度检查。猪精液正常情况下呈弱碱性,pH介于$7.0 \sim 7.5$。用玻璃棒取少许精液于酸碱试纸上,与标准比色纸比较,凡超过正常范围值的说明精液存在变质腐败的可能,若出现此类现象,均要禁止使用该批次猪精液,并做好无害化处理。

2.镜检

猪精液的镜检主要内容包括精子活力、精子密度及精子形态的检查(图 2-13)。

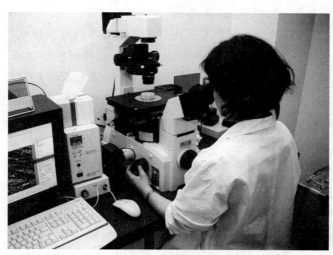

图 2-13　精液检测

(1)精子活力检查。精子的活力是指精液在 37 ℃的条件下呈直线运动的精子占全部精子总数的百分率,检测的方法是用恒温载物台将精液加热到 35~37 ℃,然后在 100~400 倍显微镜下观察精子,一般用 0~5 这 5 个数表示,在实践中,为了保证母猪的受胎率及产仔数较高,要求刚采集和稀释的精子活力不低于 4,保存 24 h 以上的精液的活力不低于 3,低于这个指标,均会对母猪的产仔数和受胎率产生很大影响。因此,必须测定精液的直线前进运动精子数(有效精子数)。也可采用 5 分制评定,即有效精子数 100%的评分为 5 分;80%的评分为 4 分;60%的评分为 3 分;40%的评分为 2 分;20%的评分为 1 分;不足 20%的评分为 0 分。精子质量评定见表 2-4。

表 2-4　精子质量评定表

	评分		活力	黏着度
5	非常好	＋＋＋	波动很好	无黏着
4	好	＋＋	波动一般	少数黏着
3	一般	＋	少数波动	黏着
2	差	＋－	只扭动	
1	无用	－－	死精	
0	无用	－－	无精	

（2）精子密度检查。每毫升精液中所含的精子数量，是评定精子质量及稀释倍数的重要指标，目前使用最为方便的是用分光光度计检测。种公猪的精子密度一般在 2 亿～3 亿/mL，高的可达到 5 亿/mL 及以上。

操作方法：用无菌的微量移液器从盛装精液的容器内准确吸取 50 μL 精液，缓慢注入盛有 0.95 mL 的 3.0% 氯化钠溶液的试管内，轻轻混匀，制成 20 倍稀释的精液稀释液。将备好的血球计数板用无菌的、干净的盖玻片轻轻放在计数室上方，确保盖好计数室，用微量移液器吸取一滴稀释精液于盖玻片边缘，使精液自行流入计数室，均匀充满，不能出现有气泡或厚度过大等影响结果观察的情况，然后在显微镜下或电视荧光屏上观察计数。

每剂量中精子数＝5 个中方格中的精子数×5（即计数室 25 个中方格的总精子数）×10（1 mm³ 内的精子数）×1 000（1 mL 精液的精子数）×20（细管稀释倍数）×剂量值。

每剂量中的精子数×精子活力即为该头猪的直线前进运动的精子数。

（3）精子形态的检查。精子形态检测一般采用常温精液检测。通过进行精子头部长度（μm），精子头部宽度（μm），精子长宽比，精子头部面积（μm²），精子头部周长（μm），精子顶体比（%）等项目的测定来评估精子的形态及畸形率。

精子的畸形率是指异常精子的百分率，正常的精子有头部和尾部，形状像小蝌蚪，畸形精子多为头部畸形、尾部畸形、顶体缺陷等，一般要求畸形率不得超过 18%，检测时将精液用吉姆萨法染色后使用 400～600 倍显微镜观察。

操作方法：

①抹片。用移液枪吸取一滴精液于载玻片一端，另一张载玻片的一边与样品呈 35°夹角，将精液样品均匀地涂抹于盖玻片上，自然风干 15 min。

②固定。将风干的抹片滴 1～2 mL 固定液，固定 15 min 后用清水冲去固定液，自然风干。

③染色。用吉姆萨法对抹片进行染色。

④镜检。将抹片在 400～600 倍的显微镜下，从一个视野到另一个视野系统地检查所有正常的精子，同时对畸形精子（头部、颈部和中段、尾部出现的畸形）数进行评估，每个抹片观察的精子数量不少于 200 个，注意不要计算重复的精子。

⑤计算。畸形率（%）＝畸形精子数/精子总数×100%。如果畸形率超过 20%，精液不能使用。

目前，很多规模化猪场和公猪站运用自动精子分析系统（图 2-14）来进行分析，可以快速进行精子计数和畸形检查。

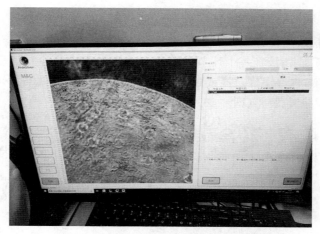

图 2-14 Minitube AndroVision 自动精子分析系统

3.病原检测

猪场在引进精液时必须严格检测精液和内外包装,尽早发现和剔除感染病原的阳性精液,彻底切断传染源。

实际生产过程中,主要检测精液中以及外包装是否携带有病原或微生物,检测内容主要包括猪瘟病毒、猪伪狂犬病毒、猪繁殖与呼吸道综合征病毒、猪圆环病毒2型、非洲猪瘟病毒、布鲁氏菌、衣原体等,应在进入物资中转站前采样检测(最好送至第三方实验室),然后在进入猪场前再进行 1 次检测。

操作方法:

(1)收到猪精液后,在无菌的超净工作台用无菌纱布涂擦精液瓶或精液袋的表面,然后用无菌的移液器或吸管吸取 0.5～1 mL 精液样品,装入无菌的离心管内。

(2)将抽取的精液用接种环轻轻蘸取少量,在绵羊鲜血培养基上划线;或用移液器吸取 50～100 μL 精液加入无菌的液体培养基中,置于 37 ℃ 培养箱内培养过夜,第 2 天观察固体培养基上是否有菌落,液体培养基是否变浑浊等以判定精液是否有细菌的滋生或污染。

(3)抽取 200 μL 的精液按照核酸提取说明书提取核酸。

(4)提取的核酸按照相应病原的 RT-PCR、PCR 或荧光定量 PCR 检测。

注意:当精液检测到有细菌或病毒结果为阳性时立即封存,不得进入下一个环节,更不能用于输精。结果为阴性时再进入下一个环节。

二维码 2-1 精液的检测

2.1.2.2 精液的流动管理

　　进场前的精液不仅要进行病原的检测,还必须对外包装进行全面的消毒和流动管理(图 2-15)。精液在每个环节的使用和处理过程中应注意流动管理,控制好精液保存的温度,保存温度过高或过低均易造成常温精液有效期缩短。因此,应选择安全可靠的恒温包装箱(图 2-16)进行包装运输。

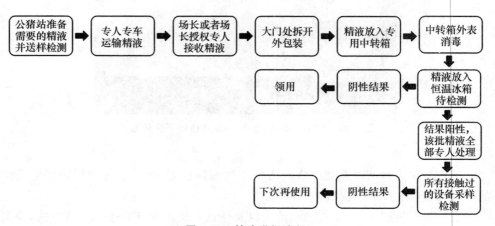

图 2-15　精液进场流程

图 2-16　精液恒温包装箱

2.2　车辆的管理

　　在养猪生产过程中,车辆是猪场不可或缺的一种交通运输工具。但是很多病原(如非洲猪瘟病毒等)可以以车辆为中间媒介,通过人员、物资的频繁流通,导致猪群感染。因此,车辆传播的风险因素极高,做好场内外车辆的洗消烘干等管理措施极其重要。

一般情况下,针对所有需要进入猪场内的外来车辆,可采用体积比1:200的过硫氢酸钾溶液或体积比1:200的20%戊二醛发泡消毒剂对其进行全面清洗等方式进行消毒处理(表2-5),以便能够有效清除传染源,但仍存在风险,所以最好不允许外来车辆进入猪场。

针对猪场内部所有自用车辆,工作人员需要每使用1次后用高压热水和专业清洗剂、消毒剂等对其进行全方位的冲洗与消毒处理。并对所有运输车辆驾驶人员定期进行病原检测,如果发现有检测结果呈阳性者,需要立即对其进行隔离。

表 2-5　车辆消毒剂的选择及使用方法

消毒环节	方式	消毒药	配制浓度	时间
进场车辆	冲洗（泡沫）/消毒/烘干	20%戊二醛/过硫酸氢钾	体积比1:200	≥30 min
驾驶室	纱布擦洗＋臭氧熏蒸	次氯酸钠＋臭氧	250 mg/L	臭氧熏蒸≥30 min
进场人员	喷雾/淋浴/隔离/洗手	过硫酸氢钾（通道喷雾,地面消毒水浸泡）	体积比1:200	每天更换消毒水
消毒池	进场车辆过2道大消毒池	氢氧化钠（烧碱）	4%	进出车辆较多或下雨,每天更换

2.2.1　生猪运输车的管理

2.2.1.1　专车专用

运送生猪的车辆(图2-17)要设置专用的车辆清洗消毒行进通道,区分好净区通道和脏区通道。同时在条件允许的情况下对车辆进行采样检测病原(基于本场流行病学调查或销售目的确认检测病原),确保车辆不携带特定病原。

确保专车专用,不得交叉使用。例如,将检测合格的健康动物运送到猪场的转运车时不能接触污染区或外来车辆;严禁使用运送后备猪的卡车运送育肥猪到屠宰场。同样,运猪车禁止在其他猪场内外运送猪只,更不能到场外运猪,若违规操作会大大增加如非洲猪瘟病毒等病原体在猪场内传播的风险。因此,规模化猪场一定要做到专车专用即每一辆运送猪群的卡车必须制定"规模化猪场车辆运输准则和规范"等硬性规章制度,提前设计好车辆专有的运输路线。

图 2-17 封闭式活猪运输车

2.2.1.2 清洁消毒

二维码 2-2 车辆外部洗消

受动物疫病变得越来越复杂,检测难度增加,车辆漫无目的、过度洗消等因素的影响,给疫病防控带来了极大挑战。特别是运猪车经过长距离运输,在此过程中,难免会受到油渍或其他有机物残留或运输过程中的污垢、灰尘等外在因素的干扰,为确保取得有效的洗消效果,必须采取有针对性的洗消操作。

在这个洗消过程中,首先彻底去除有机物,用水彻底清洗除垢,目前多用泡沫清洗剂或泡沫消毒剂,要注意运猪车暗处角落、凹处有机残留物;其次,对车辆进行烘干或自然干燥,然后进行消毒静置。

2.2.1.3 定点停放

根据车辆转运需求有序使用,使用过的车辆未经彻底洗消和烘干不得按原路将车辆驶入定点停放位置。

场外生猪运载车经彻底洗消烘干后,将车辆停放在转猪台进行运载,同时场内的转猪通道上应放置 1~1.5 m 的木板或其他材质板材用于隔离场内外人与猪的直接接触,从而减少接触病毒的机会。若猪场场外有转猪平台(出猪台),场外的运猪车必须停放在场外的转猪平台(图 2-18)。

图 2-18 出猪台车辆定点停放

场内的转猪车将猪只转运至平台的通道口,禁止场内运猪车行驶至禁行区域与场外运猪车直接接触转运猪只。

场内车辆经消毒后定点过夜停放(密闭熏蒸),饲料运输车、运死猪车和猪粪车分区定点停放。

2.2.2 饲料运输车的管理

场外的饲料运输车(图2-19)经洗消烘干后才能进入指定位置,只允许在场外定点位置装卸饲料或直接将料管接入场内的料塔(图2-20),司机不参与场内饲料的装卸,应有猪场内部专职人员进行装卸。

图2-19 饲料运输车的洗消

图2-20 外围饲料运输车向料塔输送饲料

若猪场采用自动饲喂系统或场内饲料中转车,料塔应用围墙或其他材质的板材进行围蔽,同时饲料运输车在输送饲料过程中为减少直接与料塔管道的接触,可选择长臂检查手套或长条状的塑料袋固定在饲料运输车出料口的管壁上(图2-21),输送完饲料后,由专人将塑料袋或长臂检查手套拆下焚烧掉,同时对饲料运输车停放位点和行走路线立即进行10%的烧碱和生石灰混合进行喷洒消毒白化。

图 2-21　无接触式场内外饲料的转运

　　饲料运输车输送完饲料后按指定的路线行驶至洗消点和烘干房进行洗消和烘干。结束后不得长时间在猪场周围逗留,不得随意更改行驶路线,不得在卸料位置随意下车,尽量做到即停即走。

2.2.3　其他车辆的管理

　　猪场应制定除运猪车和饲料运输车以外车辆的管理制度。

　　外来车辆因业务需要进场时,应提前跟猪场内的相关人员预约,说明来由,同时报备近期有无涉及农贸市场、屠宰场、猪场、饲料厂等场所,经猪场内相关管理人员允许后方可在抵达猪场外围处设立的外围洗消点由猪场专人进行车辆内外环境的洗消和烘干,并指派专用人员采集车辆和人、手机、钱包等样品进行非洲猪瘟病毒(或其他特定病原)的核酸检测,在结果未出前不得随意在隔离地点走动,检测结果为阴性的方可接近猪场。若检测结果出现可疑或阳性时,人员和车辆及携带物品必须进行彻底的清洗和消毒,并在指定的场所洗澡更衣进行2～3 d的隔离,再进行非洲猪瘟病毒(或其他特定病原)的核酸检测,检测阴性后方可接近猪场。

　　外来办公车辆,包括猪场职工的车辆,只能在办公区停靠,严禁进入内部生活区和生产区。

　　若猪场在场外500～1 000 m处设立卖猪中转站,则外来运猪车或转运车辆在中转站处还应进行3次洗消和1次烘干,只允许车辆的车尾连接出猪台出猪方向一端,不得直接与场内中转车辆直接接触,同时司乘人员必须穿好防护服,不能下车随意走动。若猪场内未设立卖猪中转站,则外来运猪车或转运车辆需要在进入猪场出猪台前进行 3 次洗消和 1 次烘干。

运粪车和病死猪清运车(图 2-22)要严格执行指定的脏道路线,同时这两种车辆均为全封闭式,并装有 GPS,实时追踪这些车辆的行驶路线,禁止车辆交叉运输或调换。禁止使用运粪车和病死猪清运车进行人员的运输或饲料的运输。

图 2-22　病死猪清运车

2.3　物料的管理

规模化猪场的运行需要大量物料(包括物资、饲料),在采购过程中物料由于来源复杂,携带病原的可能性较高,因此必须进行洗消处置。

进入猪场内的物料都属于外部物料,常见的包括食材、疫苗及兽药、饲料、快递、五金、防护用品、耗材、服装及鞋类等。这些物料由于其特征不同,其处理方式也各不相同,如有的物资需要浸泡处理,有的需要洗消烘干处理,有的需要熏蒸等不同的措施进行处理,因此必须根据其特性选择合适的消毒方式。

这些外部物料需要通过专人和专用车辆先运送到猪场指定的物资中转站,根据物资特征进行不同模式的洗消或烘干消毒,以期杀灭物资可能携带的病原,经专人处理完毕后,可用无菌医用纱布采集相应外包装或物料进行特定病原抽样检测,检测合格后,方可进入猪场内部的物资中转站,再进行消毒及特定病原检测,检测合格后,根据猪场不同生产线需求进行分配,分配时只能使用场内专用的中转车辆进行配送猪场的不同区域使用。

若抽样检测出现可疑或阳性时,须封存该批次的所有物资,不得进行配送,同时对这些物资反复采样检测,检测阴性后方可继续使用,若反复采样仍然不合格,物资不得进入猪场任何一个生产环节。

2.3.1 物资洗消室

根据猪场的实际情况设计物资洗消室,在场外指定地点(一般为物资中转站,车辆三级和四级洗消模式下的二级洗消点),根据物资的特征选择相应的洗消模式进行一级洗消,经采样检测阴性后,装入相应容器内通过专用车辆运送到猪场,在猪场内选择相应的场所设置物资二级洗消点(场内的物资中转站,车辆四级洗消模式下的四级洗消点,车辆三级洗消模式下的三级洗消点),根据物资情况选择消毒方式,并采样进行特定病原检测(图 2-23)。例如兽药疫苗,经一级洗消的外包装除去并用火销毁,再把这些瓶子装入网兜用体积比 1∶200 的过硫氢酸钾溶液进行浸泡,浸泡完毕后,放在指定位置进行干燥,最后根据兽药疫苗的特征分类放入冰箱或其他容器中备用;其他诸如耗材、衣服、快递等之类的物资放入密闭的空间可先喷洒消毒液,然后再用臭氧进行熏蒸,特定病原检测阴性后放在指定位置备用。物资进行二级洗消及特定病原检测合格后,应设置指定的生物安全员通过专用通道传递到需求生产线。

物资洗消室应主要包括以下几部分:入口、淋浴间、鞋底消毒池、清洗池、液体消毒池、气体消毒架、出口。

物资洗消室要求密闭性良好,可以根据需要进行熏蒸消毒,也可以在置物架的上、中、下三个部位布控紫外线灯进行紫外线消毒,或者进行喷雾消毒,能加热消毒的物资也可以采用加热消毒。

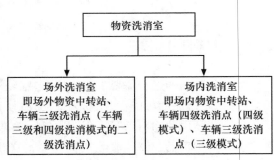

图 2-23 物资洗消室的组成

物资洗消室的设计与布局要求:分区明显,不同区域之间必须有严格的物理隔绝设施,以便将物资洗消室的净区与脏区彻底分开;单向流动,物资必须通过消毒架消毒后才能进入净区;保证洗消时间,无论是浸泡消毒,还是熏蒸消毒,都要保证足够的消毒时间;使用对工作人员安全的消毒剂和消毒工具,或对工作人员有足够安全的防护措施。

2.3.2 物资中转站

物资中转站一般建在离猪场 1~3 km 的地方(即车辆二级洗消点),物资中转站的作用是减少病原带入风险,提高物资转运效率,作为物资一级洗消点。物资中转站由以下几部分组成:围墙、大门、外部车辆停靠点、物资洗消室、物资仓库、物资中转车停靠点、人员洗消室。物资中转站的工作流程如图2-24所示。

外部车辆是外来运送物资的车辆或者猪场自己负责外部采购的车辆,外部车辆停靠在物资中转站围墙外的物资消毒室的入口处,将外来物资卸入物资消毒室洗消。物资中转车是猪场内部车辆,物资中转车在物资中转站装上已经消毒好的物资,行驶到猪场卸载物资。

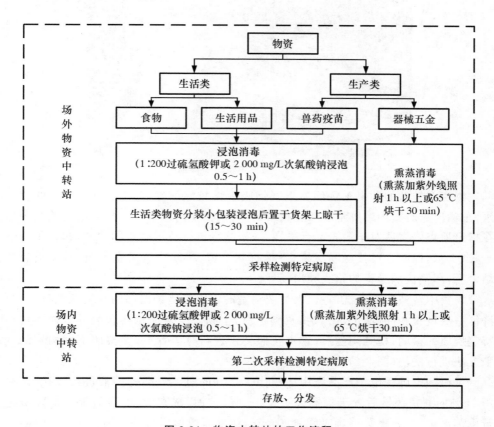

图2-24 物资中转站的工作流程

物资中转站设计与布局要求:物资中转站的围墙要用实体围墙,墙体无孔洞,墙脚有防鼠沟及防鼠带。物资中转站的大门要用实体大门,平时关闭,大门处设有车辆消毒池(图2-25),一般池深0.2～0.3 m,宽度根据进出车辆的宽度确定,一般为3～5 m,长度要使车辆轮子在池内药液中滚过1周,通常为5～9 m,池边应高出消毒液20～30 cm,池底有0.5%的坡降朝向排水孔(排水孔平时能关闭),消毒池可同地面一样用混凝土浇筑,但其表面应用1:2的水泥砂浆抹面,消毒池内放一定深度的消毒液,池子上方设置顶棚,并配备喷雾消毒设备为车身消毒。在车辆消毒池的两侧(或一侧)还应设置有消毒液浸泡的消毒垫,脚踏消毒池供进场人员消毒。

图 2-25 物资中转站消毒池

物资中转站的外来车辆停靠点要铺吸水性较好的红毯,上面喷洒 4% 的烧碱水,车辆停靠时喷洒新鲜配制的烧碱水,并定期更换消毒水。车辆 3 次洗消烘干后在指定地点停靠后对车辆先进行采样,送检测室进行特定病原的检测,司机不得下车与中转站内的人员接触和交流,不得打开车窗,装卸物资由专人负责,物资装卸结束后,车辆按照指定的路线驶出场外。

物资中转站的物资洗消室、人员洗消室的设置与猪场内部的物资洗消室、人员洗消室的设置相同(图 2-26)。物资到达后,生物安全员先采集包装外的样本进行特定病原的检测,检测阴性后,物资按照类别进行分类存放,并按照不同物资的洗消方法进行洗消(图 2-27)。

手机和电脑等电子产品先用体积比 1∶200 的过硫氢酸钾溶液进行擦拭,然后用 75% 的酒精擦拭后置于物资架上,与衣服、被褥、洗衣液、电器类等生活物资进行熏蒸消毒,臭氧熏蒸消毒时间 ≥30 min,达到有效值后再持续消毒 30 min 即可,总时 ≤120 min。

兽药疫苗类及食品餐厨类物资,一般采用体积比 1∶200 的过硫氢酸钾溶液或体积比 1∶2 000 的次氯酸钠溶液进行浸泡,一般浸泡 15 min,放于物资中转室自然晾干后,由猪场内部物资负责人员再按照类别进行储存。不建议熏蒸消毒。

小件物资可以加装一层包装,以便于进入下一个级别的生物安全等级去掉此层包装进行相应的消毒措施,最好是每个生物安全等级(如常规的三层等级,外围、缓冲区、生产区)均在消毒监测后加装包装,然后转入下一个环节。

饲料及原料类物资一般采取甲醛和高锰酸钾，按照甲醛（40％）10 mL/m³、高锰酸钾 5 g/m³ 计算用量进行添加熏蒸。并在室内四周安装紫外灯进行消毒。

图 2-26　物资中转站部分洗消室

图 2-27　物资拆分及浸泡消毒

2.3.3　饲料

2.3.3.1　饲料中转塔

饲料是猪场用量最大的物料,但饲料在加工、运输及转移的过程中,原料、饲料外包装、饲料运输车都容易将特定病原带入猪场。为降低风险,需要从经检验合格的正规饲料厂家购买饲料,以保证原料和饲料本身没有特定病原的污染。可在猪场内部使用饲料中转塔(图2-28),这个重要的生物安全设施可大大降低饲料在运输过程中传播特定病原的风险。

饲料中转塔应集中建在猪场外围墙内侧,饲料运输车经过洗消后,停靠在猪场外围墙外侧指定的饲料运输车停靠处,直接将饲料打入饲料中转塔中。

饲料中转塔的设计与布局要求如下。

(1)密闭性好,饲料中转塔及传输管路密闭,防止饲料变质,防鼠、鸟、虫、蚁。

(2)饲料中转塔及传输管路的材料无毒、无污染、耐高温、耐腐蚀、内壁光滑、卸料无残留,材料透光或有透明窗设计,便于观察饲料中转塔内的饲料储量。

(3)饲料中转塔的容量要适中,既要保证饲料在进场后先储存一段时间再使用,又要保证饲料能够在其保质期内且发生霉变之前使用完毕;饲料中转塔顶上应加顶,防止高温暴晒。

(4)没有建立饲料中转塔的猪场,袋装饲料需要先在物资中转站进行一级洗消,经特定病原检测合格后,才可以用物资中转车运输到猪场内物资中转站(物资洗消室)再次进行二级洗消,然后用猪场内饲料专用转运车运送到各猪舍使用。运输的过程中,车辆、人员、路线、操作流程等,都要严格遵守猪场生物安全管理规定。

图 2-28　饲料中转塔

2.3.3.2　饲料管理

1. 原料管理

根据生产需要制定不同时期的原料采购计划,既要保证原料供应充足,又要避免剩余原料堆积,保证其新鲜度,防止霉变。在采购途径上要严格把控饲料原料的来源,避免从疫情高发区采购原料,建立一条稳定安全的原料采购渠道,并定期对采购渠道进行安全评定。对于需要进口的原料,应选择无非洲猪瘟等重大动物疫情的国家。不使用猪源性的血粉、肉骨粉、猪油等风险性原料,同时加强对其他动物性原料的检测,防止不法商贩掺入猪源性的原料。

(1)原料的运输 发病猪、隐性感染猪、病猪排泄物和污染物以及软蜱吸血昆虫等都是非洲猪瘟病毒等重大动物疫病病原的传染源。在饲料原料运输过程中若直接或间接与这些传染源相接触,都易造成原料带毒。因此,在原料的运输过程中要注意对生物安全的防控,建立专车专用的制度。每个原料收购区由专门的运料车负责,并制定一条远离农贸市场等人口密集地区的安全运输路线。运输原料前要对全车进行充分的清洗消毒,在运输过程中要确保原料处于全程封闭状态。运料车在到达饲料厂后要再次进行严格的洗消程序,采样检测合格后方可进入缓冲区,再由饲料中转车运送至各生产单元或原料储存区。

(2)原料的验收 设立严格的验收程序,定期对采购的饲料原料进行特定病原检测。如鱼粉等易发生污染的动物性饲料原料更要及时地检测,检测结果呈阴性时,才可验收入场进行饲料加工。

(3)原料的储存 检验合格的饲料原料入场后,要储存在干燥的专用库房。在使用前,根据原料的特性隔离保管几周到几个月不等的时间,使原料中可能存在的病毒活性降低或自然消亡。做好生物安全防护工作,注意虫、鼠、鸟等易携带非洲猪瘟病毒等重大动物疫病病原的野生动物出没,定期对饲料原料库房的周边环境进行消毒。不同的原料要进行分区管理,由专人负责,避免人员与饲料原料频繁接触,防止二次污染。

2. 成品料管理

根据猪场需要,对饲料进行打包或使用密闭的运料车将饲料运送至猪场,同时做好生产批次及检验的相关记录。

(1)运送程序 饲料成品要按照不同批次及生产记录等标识将不同猪场的饲料区分开来。同时在饲料厂装料区设立专用通道,防止不同猪场的饲料间交叉污染。不同的猪场,要使用固定的运料车来进行饲料运送。所有的专用车辆均为全封闭式,并装有GPS。饲料配送实行专车专用,不得随意外出。车辆必须按规定路线进行点对点的密闭式运输,运输路线要选择远离农贸市场及人口聚集区的道路,全程GPS监控,禁止车辆交叉运输或调换,实现饲料从加工运输到养殖饲喂全程无缝对接,减少饲料从加工到使用环节带毒的风险。

(2)运料车消毒管理程序 运料车在进入饲料厂前进行第1次的全面消毒;到饲料厂装料完毕出厂时,进行第2次消毒处理(图2-29);饲料运输到猪场后,在进场前对运料车进行第3次清洗消毒,随后进行检测和烘干;卸完料驶离时,进行第4次消毒处理。司机从进入饲料厂装料开始,再到抵达养殖基地的全程都禁止下车。

图2-29 饲料厂的洗消点

具体流程如下:

运料车司机进场前先在洗消中心清洗消毒车体表面,特别是底盘及车轮部分要进行重点消洗。随后对车体及司机进行检测,检测合格后司机洗澡更衣。

运料车司机开车至烘干房外指定位置做准备。听从指示驶入烘干房后下车,保持车门敞开,穿戴好隔离服、手套、鞋套后进入休息间。

场外生物安全员关闭烘干房大门,随后打开烘干设备,将车辆在70 ℃的高温下烘干30 min。烘干结束后,场外生物安全员打开烘干房门,运料车司机进入,驾车至饲料中转区,按标识停车。

场外生物安全员对经停区域进行消毒。

场内运料车司机洗浴、更衣、换消毒过的鞋、一次性手套,将运料车开往中转饲料区域,按舍内需求接收中转饲料。

二维码2-3 向饲料塔注入饲料

转料完毕后,场外运料车驶离场区。场内运料车司机清扫洒落的饲料,并将其打包处理掉。

场内运料车司机开到生产区指定料塔,将运料车绞龙插入饲料塔上料口开始上料。

上料完毕后,场内运料车司机清理洒落的饲料,打包送至指定处理点处理,运料车开回洗车房,冲洗消毒后停放至专用车库,随后关好车库大门。

(3)饲料入库 饲料入库后要用过氧乙酸或戊二醛密闭熏蒸不少于2 h。对于规模化猪场,应避免使用袋装饲料,减少人员与饲料接触的机会。可直接使用密封条件下运输至场中的散装饲料,并将饲料储存至密闭的料塔中(图2-30)。饲喂时通过管道将各个料塔中的饲料直接输送至猪舍中去,从而保证饲料从生产到饲喂的整个流程都在密闭环境下进行,避免外界的病毒污染饲料。要做好饲料储存区的卫生消毒管理工作,每周进行采样检查,保障饲料的安全性。对处于不同生长阶段的猪群,要进行精细化的饲养管理,根据猪群现阶段营养需求提供相应的饲料。

图2-30 饲料入库

2.3.4 兽药疫苗

兽药疫苗是猪场防控动物疫病必不可少的资源,但其作为外来物资,同样存在生物安全风险。

2.3.4.1 兽药疫苗的运输

兽药疫苗运输应有专门的运输车辆,尤其是疫苗,需要全程冷链监测进行运输,添加耐热保护剂的弱毒活疫苗和灭活疫苗在2～8 ℃下运输,其他弱毒活疫苗需在−20 ℃下运输。

运输车到达物资中转站后,先对兽药疫苗外包装的箱体进行洗消,保留最后小包装,在体积比1∶200的过硫氢酸钾溶液中浸泡2～5 min,沥干后,再采用75%酒精进行彻底擦拭消毒后放入指定的冰箱或位置保存(图2-31),然后通过猪场内部的物资中转车运送到猪场内的物资中转站,同样消毒沥干后保存。

图 2-31　兽药疫苗的洗消

2.3.4.2　兽药疫苗的保存与领用

1. 保存

应按照兽药疫苗的保存要求进行储存,严禁阳光照射和接触高温,添加有耐热保护剂的弱毒活疫苗和灭活疫苗在 2~8 ℃下保存,其他弱毒活疫苗需在 −20 ℃下保存(表 2-6,图 2-32)。

表 2-6　兽药疫苗保存条件

兽药疫苗类型	保存条件	消毒方法	备注
灭活疫苗	4~8 ℃	浸泡消毒	
弱毒活疫苗	−20 ℃	浸泡消毒	
添加剂类	室温或 4~8 ℃	喷雾或熏蒸	益生菌类需低温保存
抗生素类	室温	浸泡消毒	
消毒剂类	室温	熏蒸或紫外线消毒	
其他	室温	浸泡	

2. 领用

兽药及疫苗使用前要仔细检查包装是否完好,标签是否完整,包括疫苗名称、生产批号、批准文号、保存期或失效日期、生产厂家等。

进入生产区的兽药、疫苗、易损品、生产工具等,所有物品都要求做到源头可控,保证货源安全。

2.3.5　食材

食材是特定病原污染的高风险环节,尤其是非洲猪瘟病毒,很多案例表明在猪场采购的食材中可检出非洲猪瘟病毒,因此把控好食材对于猪场生物安全极其重要。

在选取猪场食材时,应选取生产和流通背景清晰、源头可控、无污染的农产品。采购的食材进入猪场前应在物资中转站进行外包装洗消(图 2-33),并第一时间采样检测特定病原。

若采购偶蹄类动物生鲜及制品入场时,建议最好在场外煮熟后再由专车送至厨房加工或先用食品级柠檬酸对其表面进行喷洒,通过密闭的真空包

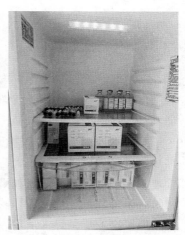

图 2-32　疫苗冷藏

装袋包装送至厨房后立即进行蒸煮,禁止随意使用塑料袋和随意拿取。蔬菜类和瓜果类食材尽量选用无泥土、无烂叶的产品,采购后立即用食品级柠檬酸或其他刺激性较小的消毒剂进行浸泡 30 min。禽类和鱼类食材也可用真空包装袋包装,同时应保证无血水,用食品级柠檬酸清洗后方可入场。

为了降低食材携带特定病原的潜在风险,部分猪场采取厨房外移的管理思路,有些规模化猪场采用中央厨房配餐模式管理。厨房与猪场员工的生活区及猪场生产区进行分离,在猪场生活区或生产区设置一个二级饭菜加热点,中央厨房做熟的饭菜通过专人专车运送到生活区或生产区进行二次加热,运送时要注意中央厨房的运送餐具与生活区或生产区的餐具不能接触,将饭菜导入缓冲区的生活区或生产区餐具中,同时人员也不能接触。

图 2-33　装箱管理与场内外传递窗

2.4　人员的管理

　　人员的管理是猪场生物安全最难管控的环节。在动物疫病传播风险因素中，人员携带传播的概率仅次于车辆。人员的管理包括场外人员管理和场内人员管理，这里主要讲场外人员的管理。

　　对于场外人员要严格执行入场程序，无论是猪场管理层、员工及临时外来人员都必须遵守，严禁搞例外、搞特权。建议猪场仅保留生产人员及与生产紧密相关的管理人员，其他职能部门（如财务、采购、后勤等部门）人员可以外移至周边交通便利的城镇，同时也可作为对外办公交流的地方。

　　为了进一步做好人员进入猪场的生物安全管理，根据不同区域生物安全等级进行人员分类管理，所有人员必须严格遵循单向流动原则，禁止逆向进入生物安全更高级别区域流动。

2.4.1　入场人员审查

　　场外人员到访需提前向猪场相关负责人提出口头申请，待相关负责人同意后，再向猪场接待人员提出预约申请，并虚心接受猪场接待人员的询问，登记来访事由，如实回答近期活动范围，有无到过其他猪场、屠宰场及农贸市场、无害化处理厂、疫情高发地区等活动轨迹。根据其近期活动轨迹待猪场接待人员审核合格后方可前来访问。

　　猪场休假人员返场时需提前 24 h 向猪场相关负责人提出书面申请，并接受猪场相关负责人关于活动轨迹及日常生活相关事由的询问，主要目的是了解员工是否存在携带病毒的风险，以降低传播携带病毒的概率，经相关负责人询问近期活动轨迹，审查合格后方可进入下一个隔离环节。

　　猪场内部人员在进场前 3～5 d 不得去其他猪场、屠宰场、无害化处理场及动物产品交易场所等生物安全高风险场所。

2.4.2　入场登记

　　经预约和经猪场相关负责人同意后，场外人员携带进场审核表（表2-7）到达猪场大门门卫处进行登记造册。

　　在门卫处进行入场登记的内容主要包括到场日期、姓名、单位、进场原因、最后 1 次接触猪只及到达其他高风险场所日期、离开时间及是否携带物品等，并签署猪场内相关生物安全承诺书。无预约或拒不配合猪场相关登记信息录入的来访人员禁止进入猪场内，性质恶劣，事态严重的可报警处理来访人员。

表2-7 进场审核表

姓名	到场日期、时间	前72 h 内是否接触过猪、野猪、牛、羊动物及其生肉	接触时间、地点	前72 h 内是否去过屠宰场、活畜交易场所、死猪处理场所、动物疾病诊断实验室	接触时间、地点	是否有流感、腹泻等症状	到场前检测日期	到场前检测结果	场外隔离点隔离天数	是否同意进场	审核人

2.4.3 人员洗消

可靠的人员生物安全管控实行的是人员三级洗消管理制度。在跨越猪场第一道外围墙、跨越猪场生活区内围墙以及生产区围墙的位置,都需要设立人员洗消室。人员洗消室跨猪场围墙而建,设有入口、出口两扇门,入口门位于围墙外,出口门位于围墙内,是人员进入围墙的唯一通道。

人员洗消室主要包括以下几部分:入口、换鞋区、卫生间、更衣室、淋浴间(图 2-34)、换衣室、换鞋区、鞋底消毒池、出口、外工具房、内工具房,有条件的猪场可设置双向传递窗。

人员洗消室的设计与布局要求如下。

(1)脏区、灰区、净区划分明显,不同区域之间有相应的起物理隔离作用的隔离凳。

(2)单向流动,只有通过淋浴间才能进入净区换衣室。

(3)要考虑整个人员洗消室的舒适性与人性化,提供适宜的温度、干净的环境、优质的淋浴用品。

(4)保证充足的沐浴时间,可以将淋浴间的门设置智能定时开关功能,脏区的门关闭后自动开始 10~15 min 的倒计时,倒计时结束,净区的门才能开启。

猪场内部人员或外部人员经登记后,首先对人员和携带物品行李进行全方位的采样检测,检测阴性后,才允许到达隔离区入口处的缓冲区,将随身携带的所有行李物品(衣服、手机、电脑、钱包、眼镜、箱包、鞋等所有行李)交由外部生物安全员登记后进行洗消处理,猪场外部的生物安全员根据具体物品采取不同的消毒方式(浸泡、熏蒸、擦拭、紫外线、臭氧等)进行消毒(图 2-35,图 2-36),然后通过安全窗口传入隔离区。

图 2-34　多道门的淋浴间

图 2-35　物品浸泡间

图 2-36　个人物品消毒柜

　　人员则进入洗澡消毒通道,先经过入口处用体积比 1∶200 的过硫氢酸钾溶液洗手(图 2-37)和鞋底浸泡消毒,再进行雾化消毒 1 min(图 2-38)。接着按照猪场制定的人员"洗消流程"进行操作,猪场内人员的洗消室一般分为 4 间,第一间为外部区域的衣物存放和更换间,人员进入后将身上的内衣、外衣、裤子等所有衣服更换掉,放入容纳器中,有专人收集进行清洗消毒烘干;第二间为洗消间,更换完衣服后,立即进入冲凉消毒间,先用柠檬酸进行冲洗,然后再用清水冲洗,再用沐浴露进行冲洗;第三间为桑拿间,冲洗结束后可在桑拿间闷蒸 10～15 min,再用清水冲洗;第四间为内部区域的衣物存放和更换间,待洗消间操作结束后,立即进入内部区域的衣物存放和更换间,更换洗消准备好的猪场内部工作服或隔离服。然后再换上洗消好的鞋子、头套、口罩、手套等,做好相应登记工作,然后进入隔离区,进行下一个隔离环节。

二维码 2-4　进场随身物品的消毒

图 2-37　洗手消毒台

图 2-38　消毒通道

2.4.4　人员隔离

人员隔离室是人员洗消室的配套设施,分为场外隔离和场内隔离 2 种。

2.4.4.1　人员外部隔离管理

场外隔离主要是利用城镇远离猪场的特点,选择酒店进行入场前的洗消隔离检测。

(1)员工休假期间严禁去其他猪场、屠宰场、动物产品交易场所等高风险生物安全场所。

(2)员工返回猪场前,先在家中自行隔离 24 h,然后电话通知场外隔离点管理人员到达猪场指定的酒店进行隔离,隔离期间每天采样 1 次检测非洲猪瘟等特定病原。隔离 48 h 检测阴性后再进入下一个环节,隔离期间员工必须在隔离场所管控范围之内。

(3)到达猪场外隔离点房间门口,猪场管理人员需检查员工随身携带的物资有无违禁(不得含有猪相关制品,包括火腿肠、水饺等)物品。

(4)物资检查无误后,登记相关信息,签署生物安全承诺书,然后洗澡,更换隔离服(鞋)。

(5)将穿戴及携带的所有衣物、鞋,放进盛有体积比为 1:200 的过硫氢酸钾消毒液的桶内浸泡消毒至少 1 h(过硫氢酸钾消毒液必须使用量具,现用现配),然后进行彻底清洗。

(6)隔离人员穿隔离服在指定隔离宿舍隔离 48 h 以上(至少 72 h),严禁随意到处走动。

(7)场外隔离点宿舍必须实施批次化管理,隔离结束后隔离人员立即将床单、被罩、枕罩拆卸下来进行清洗消毒(衣物专用消毒液)、晾晒;将隔离宿舍、卫生间卫生打扫干净,标准为无可视垃圾、灰尘等,地面用体积比 1:200 的过硫氢酸钾消毒液全覆盖拖地消毒(过硫氢酸钾消毒液配置时必须使用量具,现用现配)。

(8)场外隔离宿舍清扫消毒结束后,锁闭门窗,待下一位隔离人员到来后,再开启。

注意:场外隔离宿舍床单、被罩、枕罩的铺装工作,由隔离人员自己负责,管理人员不得提前铺好。

2.4.4.2　场内隔离

场内隔离是入场人员在猪场生活区外设定的洗消室进行洗消后进入指定的隔离宿舍(图 2-39)进行隔离检测。

(1)人员在外部隔离点结束隔离后,由专车送至场区,携带有效场外隔离证明,再进入场内隔离区洗澡通道登记相关信息后,赤脚进入洗澡通道脏区更衣室,脱掉所有衣物,鞋袜放鞋架上,进入淋浴间。

(2)在淋浴间内,洗澡至少 5 min,必须使用洗发露和沐浴露进行清洗,重点清洗头发、鼻孔和耳廓。

(3)淋浴结束后,在净区更衣室擦干,更换上隔离区衣物、鞋子。

(4)洗澡通道每天进行清理、清洗和消毒 1 次,脏区更衣室由洗车工负责,净区和淋浴间由隔离区人员负责,并及时记录。

(5)洗澡通道内毛巾或浴巾必须且仅能放置在净区,其他任何区域严禁放毛巾或浴巾。

(6)进入隔离区的手机、充电器等私人小件物品,用 75% 酒精全覆盖喷洒擦拭消毒。

(7)在场内人员隔离宿舍再隔离 24 h,隔离期间的生活起居、洗漱用餐、娱乐健身均需在隔离宿舍内进行,不得离开人员隔离宿舍房间,以便将在猪场外食入的有可能携带非洲猪瘟病毒的食物彻底排出体外。

(8)人员隔离宿舍的位置相对独立,房间内生活设施齐备、基本生活用品齐全且能满足 72 h 隔离期间使用,安排人员每天按时送饭菜、收餐余。

(9)人员隔离宿舍的工作人员要确保隔离宿舍内的环境、设施及生活用品均经过彻底洗消。在被隔离人员隔离期间,工作人员不要进入隔离宿舍清洁打扫;等人员隔离完毕,离开隔离宿舍以后,工作人员再进入隔离宿舍进行彻底洗消。

(10)在场内隔离区隔离 24 h 以上再进入生活区。

注意:隔离结束进入生产区的饲养员或技术员应坚守自己的岗位,在未经管理人员同意时,禁止随意串舍、串岗、串区,尤其是在疫病暴发期间,避免不同栏舍或不同类群的猪交叉感染。严格按照规定的路径进行移动,人员出猪舍前后均应洗手和清洗干净工作靴,并浸泡消毒,特别是工作靴鞋底。

图 2-39　隔离宿舍内外部

2.4.5 人员管理要点

（1）入场人员需进行详细的来客登记。

（2）入场人员要进行衣物、行李等物品的采样检测工作。

（3）入场人员要按照猪场人员管理制度进行人员和物品的洗消，淋浴洗澡（清洗指甲、鼻孔、耳孔），换场内干净工作服、鞋子方可入场。

（4）入场前要对人员的头发、手指甲和脚趾甲进行清洗和修剪，要求指（趾）尖小于 1 mm，且不藏污垢。

（5）入场前由相关负责人对所有人员进行检查是否携带首饰、手表、手机、烟、咸菜、肉制品、火腿肠、冷冻水饺等有传播疾病风险的物品。

（6）入场人员不得携带犬、猫等宠物进场。

（7）来客应在 48 h 内未到过其他养殖场。

（8）亲友来访需要进入生产区留宿时，还要在生产区外隔离 3～5 d。

2.5 外围洗消中心管理

自从 2018 年 8 月我国报道首例非洲猪瘟疫情开始，规模化猪场的生物安全将生物安全体系的建立从最初的生物安全淡薄意识提升到了一个新阶层、新高度。提升规模化猪场生物安全级别除了有利于猪场内部做好常见疫病防控外，更有助于防范猪场外部环境带来的诸如非洲猪瘟等烈性疫病传播的风险。

随着人们对生物安全防控意识的提高，猪场对外来车辆的消毒防护措施逐渐由"一过式冲洗"和"棚户式的简易洗消房"的洗消模式转变为更加规范化、系统化的集中定点洗消及烘干，并根据防护等级逐步完善洗消中心的工艺流程。

洗消中心的设计和建设应具备合理的选址条件、服务对象和服务半径，根据不同场地条件、洗消强度，设置多种建设布局模式。同时也应给洗消中心的污水处理模式预留空间，从而建立标准的、系统的生物安全防控体系。

在目前的大环境下，规模化猪场应根据经济条件和外围大环境情况建立适合自己本场的洗消中心，主要包括外围洗消中心和猪场内部洗消中心。洗消中心具备对车辆（运猪车、饲料运输车等）的清洗、消毒及烘干等功能，以及对随车人员、物品的清洗和消毒功能，从而降低车辆、人员、物资携带非洲猪瘟病毒进入场区的风险。本节主要介绍外围洗消中心（图 2-40）。

图 2-40 外围洗消中心鸟瞰图

2.5.1 选址与功能单元

2.5.1.1 选址

外围洗消中心选址在猪场 1～3 km 附近,远离养殖密集区和其他猪场 3 km 以上,远离村庄 500 m 以上,远离其他社会车辆冲洗点 500 m 以上。洗消中心能耗较大,平均每辆车耗水 1～2 m³、耗电 30～40 kWh 或耗气 15～20 L,因此要尽量选择供水、供电或供气条件较好的位置,且入口和出口分别有硬化路面连接,避免扬尘对车辆造成二次污染,同时洗消中心要排水性能好,具有污水处理能力。一般对外的洗消中心可以辐射(猪场或饲料厂、屠宰场)的数量不宜超过 5 个,最大服务半径不宜超过 30 km。

2.5.1.2 功能布局

外围洗消中心包括的功能区有:围墙或者栅栏、入口、车辆清扫区、车辆洗消区、车辆烘干区、车辆烘干后的停放区、人员洗消区、出口(图 2-41,图 2-42)。

洗消中心需确定脏区、净区和脏路、净路。洗消中心外设立围栏;脏区:车辆进入后清洗、消毒烘干的区域;净区:烘干后车辆停放区;脏路:进入洗消中心的道路;净路:离开洗消中心的道路。从净区驶出后的车辆只能从净路离开洗消中心,脏路和净路为 2 条路径,不交叉。

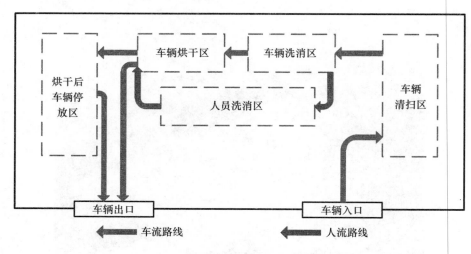

图 2-41　外围洗消中心的车流、人流示意图

图 2-42　外围洗消中心清洗和烘干车间

2.5.2　洗消流程

车辆在外围洗消中心的洗消流程是：前期准备→预约登记→车辆驶入→车辆清扫（驾驶室清扫、外表清扫）→驾驶室洗消→初次清洗→泡沫浸润→二次清洗→沥水干燥→消毒→烘干→检验合格→车辆放行。

2.5.2.1　前期准备

（1）洗消前先对司机及车辆采集样本进行非洲猪瘟病毒等特定病原的检测，了解并查询车辆洗消前的基本状况及车载 GPS 监测体系，做好车辆行程路径的摸底排查。

（2）检查污水蓄水池是否清理完毕，排水沟是否通畅。

（3）准备好洗消所需的物资，如足够的水源，一般来讲，水源要求压力能够达到最高 100 atm（1 atm＝0.1 MPa），有 12 L/min 流速的压力泵、防水服、眼罩、一次性乳胶手套或丁腈手套、清洁剂、消毒剂、防护服等。

（4）驾驶员需要把车辆行驶至指定洗消点，穿上一次性防护服，耐心等待专人对车辆进行三级洗消，同时对驾驶员在地面上走过的路线使用 4％的烧碱溶液进行消毒。

2.5.2.2　驾驶室洗消

（1）场外生物安全专员取下驾驶室脚垫进行清洗、消毒，用吸尘器清理驾驶室内灰尘。

（2）脚垫取下用清水冲洗后，再用 2％的烧碱或体积比 1∶200 的过硫氢酸钾溶液进行浸泡消毒。

（3）用柠檬酸溶液或 75％的酒精进行喷洒。并用医用纱布浸泡消毒剂后擦拭驾驶室内的方向盘、座椅、刹车、油门及挡位等位置，最后可以选择烟雾消毒整个驾驶室。

2.5.2.3　初次清洗

先用高压水枪对整个车体按照从上到下、从前到后的顺序对残留的猪粪、锯末、污泥等污物进行初步清洁。然后用 3％的烧碱或体积比 1∶200 的过硫氢酸钾溶液低压喷洒整个车厢及外表面，静置 10～15 min。底盘按照从前到后进行清洗。按照从内到外、从上到下、从前到后的顺序高压冲洗车辆。注意刷洗车顶角、栏杆及温度感应器等死角。

2.5.2.4　泡沫浸润

利用含有 10％双癸基二甲基溴化铵、2％十二烷基二甲基苄基氯化铵、5％丙二醛、发泡剂、渗透剂、络合剂、缓释剂的发泡消毒剂，按体积比 1∶200 比例稀释后用高压水枪喷洒到车辆厢体和外表面，作用 15～30 min，然后用清水冲洗干净。

2.5.2.5　二次清洗

初次洗消结束后，再次按照从内到外、从上到下、从前到后的顺序对车辆高压冲洗。

2.5.2.6　沥水干燥

车辆在二次洗消结束后,为了将车体表面附着的大颗粒污染物去除,从而降低病毒携带的可能性,将车辆驶入沥干台(图 2-43),在露天或有遮挡的半开放环境中静置,车头方向的地面处可安装一些倾斜台(大概为 20°的倾斜度),使车身与地面产生一定角度,缩短沥水时间,待水沥去 70%~80%,再进入烘干房烘干,可降低烘干阶段的能耗。也可放置风机,利用风筒进行吹干,必要时采用暖风机保证干燥效果。检查确保无泥沙、无猪粪和无猪毛、垫草等杂物残留,否则需要重新进行洗消。

图 2-43　沥干台示意图

2.5.2.7　消毒

利用 2%的烧碱或体积比 1:200 的过硫氢酸钾溶液对整车进行喷洒消毒,静置作用 10~15 min。

2.5.2.8　烘干

烘干的目的是消毒,而不是单纯的烘干,烘干消毒需要把握好三要素:温度、时间及次数。司机经洗消、更衣及换鞋后按猪场规定的路线进入洗消房提取车辆,驾车驶入烘干房(图 2-44)进行烘干。烘干房应密闭性良好,车辆 70 ℃烘干 30 min,并安装测温探头,每间隔 5 min 测定 1 次车体温度是否维持在 70 ℃,若车体达不到 70 ℃说明烘干房存在烘干漏洞,同时说明本次烘干失败,不能进入下一个流通环节。若烘干一直维持 70 ℃说明烘干效果好,烘干后把车辆停放在指定的净区停车场等待进入下一个流通环节。经过清洗、消毒和干燥的车辆需要注意避免受到二次污染。严禁经过已知污染的车辆行驶的路线。严禁动物接触已经经过清洁消毒的车辆,已知污染车辆经过的路线必须进行标记。卡车上所铺撒的垫料也必须是未被污染的。

图 2-44　烘干房

2.5.2.9　洗车房及设备处理

车辆洗消结束后,洗消洗车房地面、高压清洗机、泡沫清洗机、烘干机及液压升降平台等设备,需要经消毒合格后方可再次使用。使用过的工作服、工作靴和清洁工具移出洗消房,放置在指定区域集中存放,有专门的生物安全员进行清洗、消毒及干燥后备用。

2.5.3　洗消案例

2.5.3.1　某公司全自动洗消系统

1. 车辆预冲洗

工作人员手持高压热水喷枪进入车厢,对车厢内部进行上下左右全方位的预冲洗。车厢内部预冲洗完毕,工作人员离开车厢,启动高压底盘清洗系统和往复式龙门洗消系统,高压冲洗喷嘴对车辆的底盘和外表进行高压热水冲洗,高压冲洗喷嘴从车头移至车尾,冲洗 2~3 次,具体由车辆脏污程度决定。

2. 泡沫消毒剂喷洒

工作人员手持泡沫消毒剂喷洒枪进入车厢,对车厢内部上下左右全方位喷洒泡沫消毒剂。车厢内部喷洒完毕,工作人员离开车厢,启动高压底盘清洗系统和往复式龙门洗消系统,泡沫喷嘴对车辆的底盘和外表喷洒泡沫消毒剂,泡沫喷嘴从车头移至车尾,使消毒剂的泡沫停留在车辆表面,与泥土、粪便等污物充分反应,喷洒 2~3 次,具体由泡沫消毒剂浓度及车辆脏污程度决定,要让清洗剂覆盖所有的表面并进入所有的缝隙。将车底工具箱取下,取出里面的工具(如铁锹、扫帚、挡板等)并洗净,并在工具及工具箱内外壁喷洒泡沫清洗剂。留出至少 20 min 的时间让洗涤剂充分浸润,之后用清水高压冲洗干净。泡沫消毒剂可选用戊二醛类泡沫型消毒剂或者碱性泡沫清洁剂。

3. 精冲洗

精冲洗的目的是将泡沫消毒剂及其洗消下来的泥土、粪便等污物彻底清除。工作人员手持高压热水喷枪进入车厢,对车厢内部进行上下左右全方位的精冲洗。车厢内部预冲洗完毕,工作人员离开车厢,启动高压底盘清洗系统和往复式龙门洗消系统,高压冲洗喷嘴对车辆的底盘和外表进行高压热水冲洗,高压冲洗喷嘴从车头移至车尾,冲洗 2～3 次,具体由车辆脏污程度决定。将车底工具箱里的工具及工具箱内外壁冲洗干净。

4. 车辆风干

工作人员手持吹风机进入车厢,将车厢内的水渍吹干。车厢内部吹干后,工作人员离开车厢,启动自动风干系统,高速风机对车体进行风干,高速风机从车头移至车尾,风干 2～3 次,具体由车辆风干速度决定。整车静置几分钟,自然风干,让车辆底盘、外表的水流掉;工作人员机进入车厢,将车厢内的水渍尽量扫干或者风干。

5. 喷雾消毒

工作人员手持消毒雾化喷嘴进入车厢,对车厢内部上下左右全方位喷洒雾化消毒剂。车厢内部喷洒完毕,工作人员离开车厢;启动高压底盘清洗系统,消毒雾化喷嘴对车辆的底盘喷洒雾化消毒剂,消毒雾化喷嘴从车头移至车尾,每隔 5～10 min 自动喷雾消毒 1 次,使全车外表和底盘被消毒液浸润 30 min 以上,以保证消毒效果。特别需要注意车辆底盘、轮胎和挡泥板的消毒。车底工具箱里的工具,如铁锹、扫帚、挡板之类,都要喷洒消毒剂,或用消毒剂浸泡;对车底工具箱内表面喷洒消毒剂,然后把消毒后的工具放回。喷雾消毒剂可使用过硫酸氢钾复合盐类消毒剂或者广谱高效消毒剂。喷雾消毒后,车辆驶过龙门式高压风刀时风刀自动启动,对车辆进行风干,车辆驶过减速带时可降低车速增加风干时间,并且可以震落大颗粒水珠,提高下一步烘干效率。车辆控水晾干至无滴水状态,然后进入车辆烘干区。

2.5.3.2 某公司洗消流程

1. 基础清扫

将车辆内外打扫干净。使用泡沫清洗剂,按照从内到外、从上到下、从前到后的顺序喷洒车辆内外,确保不留死角,并充分浸泡 10～15 min。

2. 初步清洗

用中低压力清水冲洗车辆内外,不留死角。若车内使用隔板架层,应将隔板拆下彻底清洗干净。车底工具箱及工具需要取出后进行彻底清洗。干燥后,准备消毒。

3. 喷雾消毒

工作人员手持消毒雾化喷嘴,使用体积比 1:200 倍稀释的复合碘消毒剂对车厢内部、车辆外表、底盘、轮胎、车底工具箱及工具进行喷洒,确保车辆内外被消毒液浸润 30 min 以上,以保证消毒效果。把消毒后的工具放回。车辆控水晾干至无滴水状态,然后进入车辆烘干区。

注意:无论参照哪种实例方式进行车辆洗消,车辆在离开车辆清洗区后,要立即用清洗剂冲洗车辆清洗区的地面,不留任何泥污、碎屑;对工作人员的防水外套和工作靴进行冲洗消毒。车辆清洗消毒后的废水应按环保要求进行集中处理,不能随意排放;污物按照生物安全管理规定集中处理。

4. 车辆烘干

车辆洗消后,进入烘干房对车辆内外进行烘干。打开车厢及驾驶室的门窗,尽可能保证车辆各部位受热均匀。当车辆外部及车厢内温度达到 70 ℃时,电加热系统自动调整并保持恒温,维持 30 min,有效烘干杀菌。烘干房内设置自动排湿机,当环境湿度达到设定标准时,自动进行排湿,以保证烘干效果。车辆烘干后,对车辆底盘、外表、驾驶室、车厢内进行多点采样,经检测合格后,车辆放行。如不能做到及时检测,则需要将洗消、干燥后的车辆在烘干后车辆停放区停放 12～48 h,方可使用。

5. 人员洗消

(1)待洗消人员首先经过卫生间,然后将指甲剪干净,将手机、眼镜等需要洗消的随身物品交给值班室人员拿到工具房洗消。洗消后,值班人员将消毒后的随身物品以及干净的衣服、鞋子放入换衣室双飞消毒传递窗中。

(2)坐在更衣室门口的隔离凳上,脱掉脏鞋,注意脚不要落地,坐着转身,换上干净的拖鞋。

(3)进入更衣室,脱掉脏衣服。

(4)坐在淋浴间门口的隔离凳上,脱掉脏拖鞋,注意脚不要落地,坐着转身,换上干净的拖鞋。

(5)进入淋浴间淋浴,沐浴时间要求 10～15 min。

(6)坐在换衣室门口的隔离凳上,脱掉湿拖鞋,注意脚不要落地,坐着转身,换上干净的拖鞋。

(7)进入换衣室,用干净的毛巾擦干身体,用吹风机吹干头发,从双飞消毒传递窗中取出消毒后的随身物品以及干净的衣服、鞋子,换上干净的衣服。

(8)坐在换衣室门口的隔离凳上,脱掉拖鞋,注意脚不要落地,坐着转身,换上干净的鞋子。

(9)在换衣室室门口的消毒池里进行鞋底消毒。

(10)进入休息室休息等待。

注意:全程不能逆方向行走。

6.洗消效果评估

(1)眼观评估标准　车辆干燥,无可视污物,如粪便、血液、组织、黏液、皮毛、泥浆等;人员皮肤、头发、衣物干燥,无可视污物。

 二维码 2-5　车厢内部的洗消

(2)病原检测　采集车辆、人员样品,检测非洲猪瘟病毒等特定病原。若检测结果为阴性,则放行;若检测结果呈阳性,则应重新洗消,直至检测结果为阴性为止。

思考题

1. 猪场引种生物安全的注意事项有哪些?

2. 猪场外来车辆应该如何进行管理?

3. 猪场物料进场应该注意什么?

4. 外来人员参观猪场应该注意什么?

5. 外围洗消中心应该做什么?

第3章

猪场内部生物安全体系

【本章提要】猪场生物安全管理不仅取决于如何在外围将生物安全隐患降到最低，更重要的是如何在猪场内部建立生物安全体系，通过对整个猪场的建设与管理，达到安全养猪、高效养猪的目的。随着现代畜牧业的不断推进，规模化猪场已成趋势，目前的规模化猪场多为密闭式或半开放式猪舍，因此整个猪场内部的环境和管理对猪群的健康有着重要的影响。本章主要介绍猪场建设规划、环境控制、营养配比、防疫管理、内务管理、废弃物管理等方面的内容。

3.1 猪场建设规划

猪场的建设规划是生猪养殖的第一环节，也是最重要的环节之一，规划建设一个合理、科学的猪场，不仅关系到猪场的生产效率，更关系到猪场生物安全等诸多方面。

3.1.1 猪场选址

3.1.1.1 选址原则

在进行猪场选址时，应遵循环境友好和资源节约两个基本原则，必须综合考虑地势、地形、土质、水源、交通、电力、气候、常年主风向等多方面因素，并且符合政府有关部门的长期规划及畜禽养殖污染防治要求。严格遵守《中华人民共和国动物防疫法》《中华人民共和国畜牧法》及《动物防疫条件审查办法》有关规定。其主要遵循原则如下。

（1）猪场周围最好有天然的屏障，如河流、湖泊、树林、山丘、大型沟壑等天然屏障或者实体院墙等(图 3-1,图 3-2)。

(2)猪场应远离传染源,切断传播途径。最好远离动物和动物产品无害化处理场、动物屠宰加工场、动物诊疗机构、垃圾处理场、动物和动物产品集贸市场、动物养殖场或养殖小区、车辆公用洗消中心、城镇居民区、文化教育科研等人口集中区域以及公路、铁路等主要交通干线等高风险场所。其中,猪场距离交通要道、公共场所、居民区、城镇、学校应在 1 000 m 以上;距离医院、畜产品加工厂、垃圾及污水处理场应在 2 000 m 以上。猪场周围应有围墙或其他有效屏障,并设有猪场的专用道路,而且进出道路不交叉。

(3)场址应选择在位于居民区常年主导风向的下风向或侧风向处,以防止因猪场气味的扩散、废水排放和粪肥堆置而污染周围环境。

(4)根据节约用地、不占良田、不占或少占耕地的原则,选择交通便利、水和电供应可靠、便于排污的地方建场。

(5)禁止在旅游区、自然保护区、水源保护区和环境公害污染严重的地区建场。

(6)场区土壤质量要符合 GB 36600—2018《土壤环境质量 建设用地土壤污染风险管控标准(试行)》的有关规定。

图 3-1 规模猪场俯瞰全景图

(引自:吴买生,2016)

图 3-2 重庆某规模猪场俯瞰图

3.1.1.2 选址要求

1. 地势

猪场应建设在地势高燥、背风向阳、通风良好的地方。不可将猪场建设在低洼潮湿处,否则夏季不通风,污浊的空气和潮气无法排出,导致猪场的空气质量下降,不利于生猪养殖,雨季还会造成积水难以排出,猪场过于潮湿,易导致猪群患病,造成疫病的流行和大肆传播。

平原地区建场时应将场址选择在比周围地段稍高的地方,以便排水防涝。在丘陵山地建场时应尽量选择阳坡,坡度不得超过 20°,还应注意地质构造情况,避开断层、滑坡、塌方的地段,也要避开坡底和谷地以及风口,以免受山洪和暴风雪的袭击。

　　2.场地面积

　　多数的设计者会首先考虑场地面积的大小,但有时也会因考虑不周或社会、经济等方面的原因选择了过小的场地,由此产生的结果往往是牺牲卫生安全必要的建筑物间距,导致猪的生产安全受到各种潜在的威胁,如通风、采光、防火、疫病隔离等方面普遍受到影响。

　　场地面积选择时,应依据猪场生产的任务、性质、规模和场地的总体情况而定,要把生产区、生产辅助区(饲料加工车间、兽医诊疗室、水塔、水泵房、锅炉房、维修间、消毒室、更衣间、办公室、食堂和宿舍)等都考虑进去,并要留有空余地。生产区不同猪舍建筑面积详见表 3-1,生产辅助区的建筑面积详见表 3-2。

　　猪舍总建筑面积按每饲养 1 头基础母猪需 15～20 m² 计算,猪场的其他辅助建筑总面积按每饲养 1 头基础母猪需 2～3 m² 计算,猪场的场区占地总面积按每饲养 1 头基础母猪需 60～70 m² 计算或年出栏育肥猪需 3.5～4 m² 计算占地面积。一般中小型猪场生产区的面积按每头能繁母猪需 40～50 m² 计算,建筑面积按每头母猪需 16～20 m² 计算。

表 3-1　各猪舍建筑面积　　　　　　　　　　m²

猪舍类型	100 头基础母猪规模	300 头基础母猪规模	600 头基础母猪规模
种公猪舍	64	192	384
后备公猪舍	12	24	48
后备母猪舍	24	72	144
空怀妊娠母猪舍	420	1 260	2 520
分娩舍	226	679	1 358
保育猪舍	160	480	960
育肥猪舍	768	2 304	4 608
合计	1 674	5 011	10 022

　　注:该数据以猪舍建筑跨度 8.0 m 为例。

表 3-2 辅助建筑面积   m²

类型	100 头基础母猪规模	300 头基础母猪规模	600 头基础母猪规模
更衣、淋浴、消毒室	40	80	120
兽医诊疗、化验室	30	60	100
饲料加工、检验与储存	200	400	600
人工授精室	30	70	100
变配电室	20	30	45
办公室	30	60	90
其他建筑	100	300	500
合计	450	1 000	1 555

注:其他建筑包括值班室、食堂、宿舍、水泵房、维修间和锅炉房等。

3. 交通

因为饲料、猪产品和物资运输量很大,所以猪场必须选在交通便利的地方。既要考虑猪场的防疫需要和对周围环境的污染,又不能太靠近主要交通干道,以防止主要交通干道所带来的干扰,最好离交通主要干道、铁路 1 000 m 以上的距离,离一般公路 500 m 以上的距离,如果有围墙、河流、林带等屏障,则距离可适当缩短些。大型规模化养殖场,其物资需求和产品供销量极大,与外联系密切,故应保证交通方便,场外应通有公路,但应远离交通干线。

4. 水电

(1)水源 规划猪场前先勘探,水源是选场址的先决条件,首先要求水源水量充足,必须能满足场内生活用水、猪只饮用及饲养管理用水(如清洗调制饲料、冲洗猪舍、清洗机具、用具等)的要求,其次还应考虑水质的标准,水质要良好,无污浊水及其他污染源,地面水、江、河、湖、水库、塘等不能作为猪场的水源,猪的饮水应符合 NY 5027—2008《无公害食品 畜禽饮用水水质》(表 3-3),人的饮用水标准应符合 GB 5749—2006《生活饮用水卫生标准》。此外,还应考虑地下水位,猪场的地下水位应在 2 m 以下,同时,要求猪场所在地高出当地历年最高洪水线 2 m 以上。若地下水位过高,会引起猪舍地面潮湿,猪场污水易污染地下水源,易成为病原微生物、寄生虫卵以及蝇蛆等存活和滋生的场所。

以万头规模化生猪养殖场为例,通常每天的日常用水量需要 100～150 t,在保证水源充足的情况下,加强猪场内的饮用水系统的管理,应采用消毒的深层井水,以控制水源对猪群疫病的传播。此外,还要注意猪场内的非饮用水源的质量,如小溪、池塘、露天排水沟内的水中,可能存在像钩端螺旋体一类的致病性病原,这些水源若被其他生物(如老鼠、鸟类)排出的含有病原的粪便所污染,就容易成为病原传播的潜在因素,因此应定期监测水质,保证水源无污染。

表 3-3 畜禽饮用水水质安全指标

项目		标准值	
		畜	禽
感觉性状及一般化学指标	色	≤30°	
	浑浊度	≤20°	
	臭和味	不得有异臭、异味	
	总硬度(以 $CaCO_3$ 计)/(mg/L)	≤1 500	
	pH	5.5～9.0	6.5～8.5
	溶解性总固体/(mg/L)	≤4 000	≤2 000
	硫酸盐(以 SO_4^{2-} 计)/(mg/L)	≤500	≤250
细菌学指标	总大肠菌群/(MPN/100 mL)	成年畜100,幼畜和禽 10	
毒理学指标	氟化物(以 F^- 计)/(mg/L)	≤2.0	≤2.0
	氰化物/(mg/L)	≤0.20	≤0.05
	砷/(mg/L)	≤0.20	≤0.20
	汞/(mg/L)	≤0.01	≤0.001
	铅/(mg/L)	≤0.10	≤0.10
	铬(六价)/(mg/L)	≤0.10	≤0.05
	镉/(mg/L)	≤0.05	≤0.01
	硝酸盐(以 N 计)/(mg/L)	≤10.0	≤3.0

资料来源:NY 5027—2008《无公害食品 畜禽饮用水水质》。

(2)电力 大型规模化生猪养殖场的用电也是需要考虑的问题,通常规模化猪场中的养殖设备多为半自动化或者自动化设备,同时炎热季节需要使用水帘机或者空调等制冷设备,寒冷季节需要使用取暖设备,均需要大量的电能。因此,猪场选址时,应选择距电源近的地方,能节省输变电开支,供电稳定,少停电,满足猪场对电力的需要。建造猪场的用电量一般可按年出栏1万头需配50 kVA 容量变压器的标准进行估算。若猪场还要同时加工饲料(粉碎玉米等)就需配100 kVA 容量的变压器。若猪场全部采用负压抽风和饲料自动饲喂系统,其电力容量配备还要适当增加,并最好能按猪场规模大小配备发电机,以应对停电、限电等需求。

5.通风

建场前应先向气象部门或当地百姓咨询当地全年的主风向,场址应位于居民区常年主导风向的下风向或侧风向。猪舍通风主要有自然通风和机械通风。各猪舍之间要有合理的跨度,合理布置通风口的位置,以充分和有效地利用自然通风。此外还可利用风扇、风机等设备进行机械通风,产生舍内外的压力差来进行强制性通风。在进行机械通风时需要考虑进风口的形状和布置,应尽量将进风口沿猪舍全长均匀布置,其形状以扁长为最佳。生产区布局时,常按配种→妊娠→哺乳→保育→育肥→隔离→废弃物处理区域的顺序,从上风口往下风向分布,下风向左右两翼设置净道和脏道。

6.防疫

猪场防疫应考虑选址、布局、设施设备、人员等因素的影响,具体如下(详见附录《动物防疫条件审查办法》)。

(1)选址要求

①距离生活饮用水源地、动物屠宰加工场所、动物和动物产品集贸市场500 m以上;距离种畜禽场1 000 m以上;距离动物诊疗场所200 m以上;动物饲养场(养殖小区)之间距离不少于500 m。

②距离动物隔离场所、无害化处理场所3 000 m以上。

③距离城镇居民区、文化教育科研等人口集中区域及公路、铁路等主要交通干线500 m以上。

(2)布局要求

①场区周围建有围墙。

②场区出入口处设置与门同宽、长4 m、深0.3 m以上的消毒池。

③生产区与生活办公区分开,并有隔离设施。

④生产区入口处设置更衣消毒室,各养殖栋舍出入口设置消毒池或者消毒垫。

⑤生产区内清洁道、污染道分设。

⑥生产区内各养殖栋舍之间距离在5 m以上或者有隔离设施。

(3)设施设备要求

①场区入口处配置消毒设备。

②生产区有良好的采光、通风设施设备。

③圈舍地面和墙壁选用适宜材料,以便清洗消毒。

④配备疫苗冷冻(冷藏)设备、消毒和诊疗等防疫设备的兽医室,或者有兽医机构为其提供相应服务。

⑤有与生产规模相适应的无害化处理、污水污物处理设施设备。

⑥有相对独立的引入动物隔离舍和患病动物隔离舍。

（4）人员要求

动物饲养场、养殖小区应当有与其养殖规模相适应的执业兽医或者乡村兽医。患有相关人畜共患传染病的人员不得从事动物饲养工作。

种猪场除应符合以上要求以外，还应符合下列条件：

①距离生活饮用水源地、动物饲养场、养殖小区和城镇居民区、文化教育科研等人口集中区域及公路、铁路等主要交通干线 1 000 m 以上。

②距离动物隔离场所、无害化处理场所、动物屠宰加工场所、动物和动物产品集贸市场、动物诊疗场所 3 000 m 以上。

③有必要的防鼠、防鸟、防虫设施或者措施。

④有国家规定的动物疫病的净化制度。

⑤根据需要，种畜场还应当设置单独的动物精液、卵、胚胎采集等区域。

3.1.2　猪场规划与布局

猪场规划布局要科学合理，既要符合生产流程，又要达到防疫要求。猪场在进行规划布局时，应严格执行生产区与生活区、行政管理区相隔的原则。生产区规划时需要根据生猪不同的生长发育阶段和生理阶段进行分舍饲养，这样便于"全进全出"。通常将猪场生产区布置在猪场管理区的上风向或侧风向处，相距应在 200 m 以上。另外，还要设计道路、排水、防疫等卫生设施，根据防疫需求可建消毒室、兽医室、隔离舍、污水粪便处理设施、病死猪无害化处理间等，其中污水粪便处理设施和病死猪无害化处理间应在生产区的下风向或侧风向处，应相距 50 m 以上，以便于防疫工作的顺利开展。

3.1.2.1　规划原则

（1）猪场功能区域按照生物安全等级从高到低依次为：生产区、内部生活区、外部生活区和办公区、猪场外。猪场各功能区域按照地势及常年主导风向进行合理布局。将生物安全等级高的区域安排在上风向，生物安全等级低的区域安排在下风向，其中，生产区生物安全等级由高到低依次为：种公猪舍、后备舍、配怀舍、妊娠舍、分娩舍、保育舍、育肥舍、隔离舍（图3-3）。

（2）不同区域之间有明显的物理界线，每个区域都有相应的生物安全措施，实行严格的生物安全分区管理。

（3）充分利用场区地理地形优势，有效利用原有道路、供水、供电线路，尽量减少土石方工程量和基础设施工程费用，以降低成本。

（4）合理组织场区内外的人流、物流、车流、猪流和水流，为畜牧生产创造最有利的环境条件和生产联系，实现高效生产。

（5）保证建筑物具有良好的朝向，满足采光和自然通风条件，并有足够的防火间距。

（6）畜禽场建设必须考虑畜禽粪尿、污水及其他废弃物的无害化处理和利用，确保其符合清洁生产的要求。

（7）在满足生产要求的前提下，建筑物布局要紧凑，节约用地，少占或不占可耕地（图 3-4）。

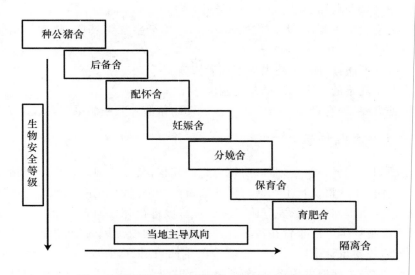

图 3-3　猪场各生产区依生物安全、风向配置示意图

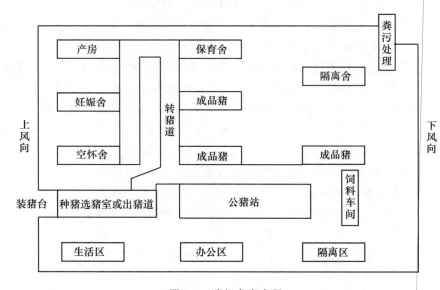

图 3-4　猪场参考布局

3.1.2.2　功能布局

1. 生产区

猪场的生产区(图 3-5)是整个猪场的中心,是生猪养殖生产的重要部分,主要包括各类猪舍和生产设施,如公猪舍、后备舍、分娩舍、配怀舍、保育舍、育肥舍、消毒通道、衣物洗涤烘干室、兽医室、员工休息室、设备维修舍及猪场配电舍等,各区域之间的距离应保持 20 m 以上。建设面积占整个猪场总建设面积的 70%～80%,禁止一切外来车辆和人员进入。

图 3-5　某猪场生产区

种公猪舍要设在人流较小及猪舍的上风向或偏风向,种公猪舍应在种猪区的上风向,既可防止母猪的气味对公猪形成不良刺激,又能利用种公猪的气味刺激母猪发情。分娩舍不仅要靠近妊娠舍,还要靠近保育舍。保育舍与育肥舍应设在下风向或偏风向,两区之间最好保持一定距离或采取一定的隔离防疫措施,育肥猪要离出猪台较近。配电室的建设需要适当地靠近生活区,以便员工查看和维修,同时需要配备发电机等设备,以便猪场在停电后使用。在设计时,应使猪舍方向与当地夏季主导风向成 30°～60°的角,以便每排猪舍在夏季得到最佳的通风条件。在生产区的入口处,应设专门的消毒间或消毒池,以便进入生产区的人员和车辆进行严格的消毒。在靠围墙处设装猪台,售猪时由装猪台装车,避免外来车辆进场。

此外,生产区要定期清理猪舍外围的沟渠,保持其畅通,以减少蚊蝇及病原微生物的滋生。要每天清扫猪舍内外的地面,清除散落的饲料等。每天做好场内生产垃圾的清理及处置,减少交叉感染。要定期清除杂草,清理废旧设备和工具,以保障消毒时不留死角,使消毒更彻底,同时减少小动物的藏身场所。各圈舍人员不得交叉串舍,且物资、车辆不得交叉使用,并每天对道路消毒,每月做好消灭老鼠、蟑螂、蚊子、苍蝇等"四害"工作。

2.生产辅助区

生产辅助区与日常的饲养工作有密切的关系,主要是为生产区服务的各种设施,包括饲料贮藏加工室、仓库、兽医室、病畜隔离舍、病死畜无害化处理间、贮粪场、修理车间、变电所、锅炉房、水泵房等。此区应设在生产区的下风向及地势较低处,并远离生产区,与生产区应保持 100 m 以上的安全间距。该区应设置单独的道路与出入口,其所排放的污水与废弃物应严格控制,防止疫病扩散和对环境造成污染。

3.办公区与生活区

(1)办公区 办公区是猪场从事经营管理活动的功能区,是接待外来访客或场内管理人员、生产区人员开会办公的场所,其他人员未经允许不得随意进入。应靠近猪场的大门,并和生产区严格分开。办公区内主要建筑有办公楼、车库、配电房等。要求必须做好生物安全防范工作,安排专职清洁人员负责每天办公区室内外的清洁卫生,在办公区工作的人员下班后要及时做好室内、楼道、过道的清洁消毒。清洁人员必须对办公区内外来人员易接触到的用具进行清洗、消毒,及时清理办公区域内的沟渠、积水洼地,以减少蚊蝇及病原微生物滋生,并对办公区的垃圾进行分类处理。

(2)生活区 生活区应位于全场上风和地势较高的地段,是员工用餐、休息的场所,包括厨房、食堂、职工宿舍等。

①厨房:每天做完饭后要清扫地面,并保持地面干燥;清理墙面,减少油污;及时清理厨房垃圾,减少老鼠、蟑螂、蚊蝇等。

②食堂:每天用餐后及时清洗餐桌、地面油渍,使用专用消毒水消毒,及时清理剩余饭菜。

③职工宿舍:员工每天在员工宿舍里休息时都要进行沐浴、更衣,注意自身清洁;员工上班后,由专职保洁人员清扫员工宿舍的楼梯、过道、房间,清洗脏衣物,并做好自身及环境消毒工作,避免交叉污染。

定期对外部生活区环境进行大扫除,及时清理沟渠、积水洼地,以减少蚊蝇及病原微生物的滋生;按照各类垃圾的生物安全管理规定,对生活区垃圾及时进行分类处理。

3.隔离场所

隔离场所主要包括人员隔离及外部引种隔离两个方面。

隔离区是用于休假返场和确需进场人员进行隔离的区域。进入隔离区的人员要隔离 48 h,隔离期间不得离开隔离区进入场内,场内其他人员也不得擅自进入。

隔离区的消毒工作由场长协调安排隔离人员对隔离区域进行消毒。

隔离舍主要是对种猪场或者自繁自养场而言,外部引种是生物安全的重要风险点之一,因此,建立隔离舍是猪场外部引种的重要生物安全设施,其目的是将新进种猪在离生产区较远的地方饲养一段时间,进行隔离和驯化。隔离是为了监测新进种猪的健康情况,避免将外来病原带入生产区;驯化是让新进种猪逐步适应本场的微生物环境。隔离舍要求建在本场生产区的下风向,距离生产区至少500 m。隔离舍要配备单独的工作人员,隔离场的人员、设备、厨房、宿舍等不能与生产区混用。隔离舍可根据需要多建几栋,每栋隔离舍采取全进全出制;为防止新进种猪隔离和驯化的时间比较长,建议隔离场内建立独立的妊娠饲养区。

4. 道路

道路设施对正常进行生产活动,搞好卫生防疫及提高工作效率起着重要的作用。场区内道路由公共道路和生产区内净、脏道组成,净污分道,互不交叉,出入口分开,净道是行人和饲料、产品运输的通道,脏道为运输粪便、病猪及废弃设备的专用道。公共道路分主干道与一般道路,各功能区之间道路连通形成消防环路,主干道连通场外道路。主干道宽4 m,其他道路宽3 m。其路面应以混凝土或沥青铺设,转弯半径不小于9 m,空旷的地方及各舍间以绿色植被覆盖,使地面泥土不裸露。场区内道路纵坡通常控制在2.5%以内。

猪场场外中转的车辆,要严格在净道行驶,且原则上不得在猪场内使用;若必须进入猪场外部生活区,则必须先经过严格的车辆洗消、烘干、人员洗消,并经检验合格后驶入;严禁进入内部生活区及生产区。猪场外的脏道和净道在每次使用后,都要及时进行彻底的清洗、消毒、干燥,以保证猪场周围环境的安全。

5. 水塔/料塔

水塔是清洁饮水正常供应的保证,水塔的位置选择要与水源条件相适应,且应安排在猪场最高处,供水条件好的可不考虑。料塔是一种适用于集约化、大中型猪场中使用的储料设备,在设置时,应考虑整个猪场的地形,每个猪舍外设置料塔(图3-6)。

图3-6 猪场料塔

3.1.2.3 洁净布局

猪场生物安全区域按洁净程度可划分为净区、灰区和脏区,可以使用不同的颜色加以区分,例如,外围区为红色,场外区为橙色,场内及生产区为绿色(图3-7),不同区域之间用实体围墙间隔;未采取相应的生物安全措施时,不得跨区流动。

净区与脏区是相对的概念,在猪场的任何一个区域里,都有净区与脏区的区别。例如,在猪场内部,生活区相对于门卫是净区,相对于生产区是脏区。对于特定疫病而言,被特定病原污染的区域是脏区,未被污染的区域是净区。灰区是净区与脏区之间的过渡区与准备区,从任何一个脏区进入净区之前,都要先在灰区采取严格的生物安全措施,如淋浴、消毒、更衣、换鞋或者穿上防护服及鞋套等。

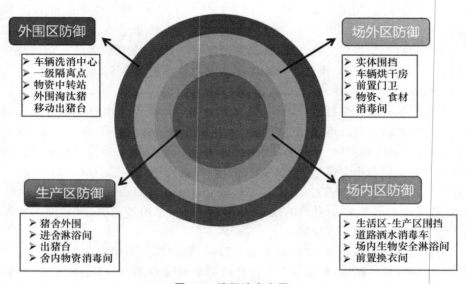

图 3-7　猪场洁净布局

3.1.3　猪场建筑工艺设计

3.1.3.1　建筑要求

猪场建筑类型首先应考虑生物安全,以及满足猪生长发育的基本要求,此外要根据当地气候环境因素来决定,无论使用哪一种建筑类型,都要充分考虑到通风、干燥、卫生、冬暖、夏凉及环保的要求,同时,还应遵循合适、方便、经济等原则。

1. 符合猪的生理学特性要求

猪场设计应符合猪的生物学特性要求,猪舍温度通常保持在 10~25 ℃(哺乳仔猪除外),相对湿度应保持在 45%~75%。为了保持猪群健康,提高猪群的生产性能,猪场建筑设计还应保证舍内空气清新、光照充足。在配种舍进行的试验表明,14~18 h 的光照长度能促进青年母猪和空怀经产母猪发情,进而能提高每头母猪的产仔数,充足的光照能激发种公猪旺盛的繁殖性能。光照既可以来自窗户,也可以由电灯照明提供,在后备舍、配种舍也可使用荧光灯,在其他猪舍也可使用白炽灯照明。为了节约资源且达到更好的光照效果,猪舍人工照明宜使用节能灯,光照应均匀,按照灯距 3 m、高度 2.1～2.4 m,每灯光照面积 9～12 m² 的原则布置。猪舍内空气温度和相对湿度见表3-4,猪舍采光参数见表3-5。

表3-4 猪舍内空气温度和相对湿度

猪舍类别	空气温度/℃			相对湿度/%		
	舒适范围	高临界	低临界	舒适范围	高临界	低临界
种公猪舍	15～20	25	13	60～70	85	50
空怀妊娠母猪舍	15～20	27	13	60～70	85	50
哺乳母猪舍	18～22	27	16	60～70	80	50
哺乳仔猪保温箱	28～32	35	27	60～70	80	50
保育猪舍	20～25	28	16	60～70	80	50
生长育肥猪舍	15～23	27	13	65～75	85	50

注:①表中哺乳仔猪保温箱的温度是仔猪 1 周龄以内的临界范围,2～4 周龄时的下限温度可降至 24～26 ℃。表中其他数值均指猪床上 0.7 m 处的温度和湿度。

②表中的高、低临界值指生产临界范围,过高或过低都会影响猪的生产性能和健康状况。生长育肥猪舍的温度,在月份平均气温高于 28℃ 时,允许将上限提高 1～3 ℃,月份平均气温低于 −5 ℃ 时,允许将下限降低 1～5 ℃。

③在密闭式有采暖设备的猪舍,其适宜的相对湿度比上述数值要低 5%～8%。

表3-5 猪舍采光参数

猪舍类别	自然光照		人工照明	
	窗地比	辅助照明/lx	光照度/lx	光照时间/h
种公猪舍	(1:12)～(1:10)	50～75	50～100	10～12
空怀妊娠母猪舍	(1:15)～(1:12)	50～75	50～100	10～12
哺乳猪舍	(1:12)～(1:10)	50～75	50～100	10～12
保育猪舍	1:10	50～75	50～100	10～12
生长育肥猪舍	(1:15)～(1:12)	50～75	30～50	8～12

注:①窗地比是以猪舍门窗等透光构件的有效透光面积为1,与舍内地面积之比。
②辅助照明是指自然光照猪舍设置人工照明以备夜晚工作照明用。

2.适应当地的气候及地理条件

各地的自然气候及地理条件不同,对猪场的建筑要求也各有差异。长江以南地区气温较高,猪场设计中应将防暑降温作为重点。长江以北地区高燥寒冷,猪场设计中应将防寒保暖和通风换气作为重点。

3.便于操作,更好地饲养管理

在建设猪场时应充分考虑到符合养猪生产工艺流程,符合各类猪舍的特定要求,便于操作及提高劳动生产率,利于日常操作及集约化饲养管理,满足机械化、自动化。

4.营造安全、卫生、舒适的环境

猪场设计要求结构牢固、安全、卫生、适用,冬暖夏凉、透光通风、干燥,便于清扫,要突出环保意识,注重生物安全。具有良好的生态环境,从设计上保障将70%～80%污水的发生量消除在养殖的源头,实现粪污的减量化,以求达到事半功倍的效果。

5.遵循经济原则

在进行猪场建设时,应结合自身经济实力,综合考虑当地的土地、人力、水电、建筑、运输、污物处理等多方面的成本,确定最适宜的生产工艺和饲养模式,在此基础上,确定猪场最佳的设计方案,保证建筑造价在能够承受的范围之内。同时,所采用的新材料、新工艺、新技术、新设备要配套,确保运行成本低。

在新建猪场或旧场的改造中,采用小幢式、全进全出的建筑方案可以实行严格的消毒防疫,这是防止疾病传播的关键措施之一。在产床的设计中,可把相连两栏的隔栏设计为活动式的。这样,相邻的两栏哺乳仔猪可在两个栏内自由活动,有利于断乳后的并栏。为防范保育舍内复杂的呼吸道疾病,保育舍的建筑多考虑改成"小保育"的多单元的建筑模式。

3.1.3.2　建筑结构

猪场的建筑主要包括围墙、猪舍、道路以及其他一些附属设施。其中猪舍是最核心的建筑。

1.围墙

围墙是猪场抵御传染源的重要建筑,通常建议设置三道围墙,每一道围墙需为实心墙体,且墙体严密,没有排水管等任何漏洞。围墙要有一定的高度,至少高2.8 m,原则上越高越好。第一道围墙是猪场外围墙,第一道围墙和第二道围墙之间是猪场办公区和外部生活区,第二道围墙和第三道围墙之间是猪场内部生活区,第三道围墙以内是猪场生产区(图 3-8)。

第一道围墙,即猪场外围墙,连接着猪场大门、车辆消毒池和消毒通道、门卫室、出猪口、进猪口,是猪场抵御传染源的第一道防线,防控措施就是把病原连同受感染的猪以及受污染的所有人、物、车等一起阻挡在猪场外。因此,常在猪场外围墙和实心大门的显著位置张贴"禁止入内"的警示标志。此外,为防止野猪打洞进入猪场,还应将外围墙埋入地下 0.5 m,与地面有坚实的接触。猪场外围墙周围,应该铺设宽度在 1 m 以上的水泥道路,并且定期消毒、巡查。建议有条件的猪场都要沿猪场外围墙安装监控,定期查看。定期清除围墙墙脚的杂草、藤蔓植物等。

第二道围墙,即猪场内围墙,连接着外部生活区与内部生活区,跨围墙设有人员洗消室、物资洗消室。生产人员进出生产区均需要进行淋浴,物资需经过洗消之后方可进入生产区。

第三道围墙,即生产区围墙,在猪场第三道围墙以内是猪场生产区,跨围墙常设有人员洗消室、食物传递窗、物资洗消室。

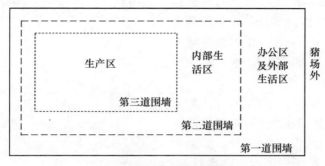

图 3-8　猪场三道围墙示意图

2.猪舍

猪舍的结构主要由墙壁、屋顶、地板、门窗、粪尿沟、猪栏等部分构成。

(1)墙壁　猪舍与外部空间隔离的外围护体,起着调节舍内温度、湿度的重要作用。要求坚固、耐用,防潮、隔热,保湿性好。比较理想的墙壁为砖砌墙,采用水泥浆勾缝,离地 0.8～1 m 用水泥浆抹面。

(2)屋顶　猪舍上部的外围护结构。要求光滑、防水、保温、不透气、不透水、结构简单,有一定的坡度,有利于雨水、雪水的排除,并要求防火安全等。质地要耐久坚固,便于就地取材。较理想的屋顶为水泥预制板平板式,并覆盖 15～20 cm 厚的泥土以利于保温、防暑,有条件者可引进一些新技术产品,如屋顶采用进口新型材料,做成钢架结构支撑系统、瓦楞钢房顶板,并夹有玻璃纤维保温棉,保温效果良好。

(3)地板　要求坚固、耐用,保持干燥,渗水良好。现在常用的地面是漏缝地板,哺乳母猪、哺乳仔猪和保育猪宜采用质地良好的金属丝编织地板,育肥猪和成年种猪宜采用水泥漏缝地板。干清粪猪舍的漏缝地板应覆盖于排水沟上方。漏缝地板间隙应符合不同猪栏漏缝地板间隙宽度的规定(表 3-6)。

表 3-6　不同猪栏漏缝地板间隙宽度　　　　　　　　　　　　　mm

成年种猪栏	产床	保育猪栏	育肥猪栏
20～25	10	15	20～25

(4)门窗　除了人员出入的门以外,开放式猪舍运动场前墙应设有门,门高 0.8～1 m,宽 0.6 m;半封闭猪舍则在运动场的隔墙上开门,门高 0.8 m,宽 0.6 m;全封闭猪舍仅在饲喂通道侧设门,门高 0.8～1 m,宽 0.6 m;通道的门高 1.8 m,宽 1 m。无论哪种猪舍都应设置后窗,保证猪舍的自然采光和通风。开放式、半封闭式猪舍的后窗长与高皆为 40 cm,上框距墙顶 40 cm;半封闭式中隔墙窗户及全封闭猪舍的前窗要尽量大,下框距地面 1.1 m;全封闭猪舍的后墙窗户可大可小,若

条件允许,可安装双层玻璃。

(5)粪尿沟　开放式猪舍的粪尿沟要求设在前墙外面;全封闭、半封闭猪舍可设在距前墙 40 cm 处,并加盖漏缝地板。粪尿沟的宽度应根据舍内面积设计,至少宽 30 cm。

(6)猪栏　除通栏猪舍外,在一般封闭猪舍内均需建造隔栏,有砖砌墙水泥浆抹面及钢栅栏(图 3-9)两种。纵隔栏应为固定栅栏,横隔栏可为活动栅栏,以便进行舍内面积的调节。不同类型的猪,猪栏的基本参数不同,详见表 3-7。

图 3-9　配怀舍猪栏

表 3-7　猪栏基本参数　　　　　　　　　　　　　　　　mm

猪栏种类	栏高	栏长	栏宽	栅格间隙
公猪栏	1 200	3 000~4 000	2 700~3 200	100
配种栏	1 200	3 000~4 000	2 700~3 200	100
妊娠母猪栏	1 000	3 000~3 300	2 900~3 100	90
产床	1 000	2 200~2 250	600~650	310~340
保育猪栏	700	1 900~2 200	1 700~1 900	55
育肥猪栏	900	3 000~3 300	2 900~3 100	85

注:产床的栅格间隙指上下间距,其他猪栏为左右间距。

3.1.3.3　猪舍类型及工艺要求

猪舍的设计与建筑首先要符合养猪生产工艺流程,其次要考虑各自的实际情况。一个从产仔到育肥猪上市的猪舍可分为:公猪舍、妊娠舍、分娩舍、保育舍、育肥舍和后备舍。

1. 公猪舍

公猪舍一般为单列半开放式,内设走廊,外有小运动场,以增加种公猪的运动量,一圈一头。公猪栏面积至少要 8~9 m²,宽度和长度不应小于 2.75 m,隔栅可以打开(垂直杠条),高度为 1.2~1.5 m,同时公猪舍内设假台畜(图 3-10),便于公猪采精。

图 3-10　公猪舍假台畜

2.妊娠舍

妊娠舍一般饲养空怀、妊娠母猪，又可称为配怀舍（图 3-11），是给母猪进行配种的场所。有分组大栏群饲，也有限位栏饲养。大栏群饲每栏饲养空怀母猪 4～5 头、妊娠母猪 2～4 头，面积一般为 7～9 m^2。限位栏长不低于 2.1 m，宽不少于 0.6 m。舍内多为单走道双列式。地表不要太光滑，以防母猪跌倒。

图 3-11　妊娠舍（配怀舍）

3.分娩舍

分娩舍也可称为哺乳猪舍或产房，内设有产床，布置多为两列式或三列式（图3-12）。

（1）地面产床　采用单体栏，中间部分是母猪限位架，两侧是仔猪采食、饮水、取暖等活动的地方。母猪限位架的前方是前门，前门上设有食槽和饮水器，供母猪采食、饮水，限位架后部有后门，供母猪进入及清粪操作。可在栏位后部设漏缝地板，以排除栏内的粪便和污物。

图 3-12　分娩舍

（2）网上产床　主要由产床、仔猪围栏、钢筋编织的漏缝地板网、保温箱等组成。

4.保育舍

保育舍（图 3-13）主要饲养断乳仔猪。可采用网上保育栏，1～2 窝一栏。网上饲养，采用自动落料食槽，自由采食，可减少仔猪疾病发生，有利于提高仔猪成活率。仔猪保育栏主要由钢筋编织的漏缝地板网、围栏、自动落食槽、连接卡等组成。

图 3-13　保育舍

5.育肥舍和后备舍

育肥舍和后备舍（图 3-14）均采用大栏地面群养方式，自由采食，其结构形式基本相同，只是在外形尺寸上因饲养头数和猪体大小的不同而有所变化。

图 3-14　后备舍

3.2 猪场内部环境控制

随着养猪集约化程度越来越高,猪场的现代化、智能化环境控制系统配套成了必然趋势,内部环境的控制不仅能够减少人工,更重要的是能够给猪只提供适宜的生存环境,减少因环境而造成的安全问题,从而是猪场生物安全体系中重要的环节之一。

3.2.1 通风管理

现代养猪对猪舍的设计和建设提出了更高要求,其中通风是重要技术工艺。良好的通风设计不仅可以给猪只提供舒适的环境条件,还能降低疾病的发生,为猪场生产达到事半功倍的效果。

3.2.1.1 通风方式

1. 自然通风

自然通风指设置进风口、排风口(主要指门窗),靠风压和热压为动力的通风。自然通风模式现在已经很少见了,此种形式的猪场需要建设在气候条件很好的地区,一年四季气温变化不大,冬暖夏凉,如云南、贵州等地。

风压通风是当风吹向建筑物时,迎风面风压大形成正压,背风面风压小形成负压,气流由正压区开口流入,由负压区开口排出,所形成的自然通风。只要有风,就有自然通风现象。风压通风量的大小,取决于风向角、风速、进风口和排风口的面积;舍内气流分布取决于进风口的形状、位置及分布等。

热压指空气温热不均而发生密度差异,产生的压差。热压通风即舍内空气受热膨胀上升,在高处形成高压区,屋顶与天棚如有开口或孔隙,空气就会排出舍外;畜舍下部因冷空气不断受热上升,形成空气稀薄的负压区,舍外较冷的新鲜空气不断渗入舍内补充,如此循环,形成自然通风。热压通风量的大小,取决于舍内外温差、进风口和排风口的面积;舍内气流分布则取决于进风口和排风口的形状、位置和分布。

自然通风的优点:节省建筑成本、节省运营成本。

自然通风的缺点:建设的区域、规模有限制;舍内通风受外界环境影响较大;舍内环境不可控;增加饲料成本;猪舍管理、防疫难度大。

2. 机械通风

机械通风是指利用通风机械的运转给空气一定的能量,使新鲜空气不断地进入猪舍,沿着预定路线流动而将猪舍内的污浊空气排至猪舍外的通风方法。封闭舍必须采用机械通风,猪舍机械通风通常有进气通风系统、排气通风系统2种形式。随着智能化猪场快速发展,目前大多数猪场设计通风以机械通风为主,多采用负压机械通风。按通风的方向可分为水平(横向或纵向)通风和垂直通风,智能化猪场猪舍一般采用水平与垂直通风相结合的联合通风模式。

(1)正压通风　正压通风也称进气式通风或送风,指通过风机将舍外新鲜空气强制送入舍内,使舍内气压增离,舍内污浊空气经风口或风管自然排出的换气方式。正压通风的优点在于可对进入的空气进行加热、冷却以及过滤等预处理,从而可有效地保证猪舍内的适宜温湿状况和清洁的空气环境。正压通风在严寒、炎热地区适用。但是这种通风方式比较复杂、造价高、管理费用也大。正压通风可根据风机位置分为侧壁送风和屋顶送风。

猪舍正压通风一般采用屋顶水平管道送风系统,即在屋顶下水平铺设有通风孔的送风管道,采用离心式风机将空气送入管道,风经通风孔流入舍内。送风管道一般用铁皮、玻璃钢或编织布等材料制作,猪舍跨度在 9 m 以内时可设 1 条风管,超过 9 m 时可设 2 条。这种送风系统因其可以在进风口附加设备,进行空气预热、冷却及过滤处理,对猪舍冬季环境控制效果良好。

(2)负压通风　负压通风也称排气式通风或排风,是指通过风机抽出舍内空气,造成舍内空气气压小于舍外,舍外空气通过进气口或进气管流入舍内。畜舍中用负压通风较多,因其比较简单、投资少、管理费用也较低。负压通风根据风机安装位置可分为两侧排风、屋顶排风、横向负压通风和纵向负压通风。

①水平纵向通风:水平纵向通风的风机(图 3-15)位于猪舍一端的墙,进风口位于另一端的湿帘墙,风从栏舍的一端以较大流速流向另一端,形成常见的夏季"湿帘风机降温"系统,主要用于夏季通风降温,也能增加猪舍内湿度并降低粉尘。纵向通风因距离较长,两端可能会有温差。因此,在建造猪舍时,要控制好一个栏舍单元的长度,以进出风口之间不超过 100 m 为宜。

图 3-15　纵向通风风机

②水平横向通风:水平横向通风有 2 种形式。一种为顶吸式:进风口位于猪舍两侧的侧墙上,风机安装在屋顶上,即空气从两侧进从顶端出,顶吸式由于风机设计在屋顶,安装维护不方便,但对相邻栏舍干扰较小(图 3-16)。此外,顶吸式通风距离较短。流速较慢,主要用于冬季通风换气,但各区域风速可能不均匀。另一种为侧吸风式:进风口位于猪舍一侧的

侧墙上,风机安装在另一侧的侧墙上,即空气从一侧进另一侧出。

横向通风的优点:春秋季舍内通风较好,新空气分布较好;夏季猪舍温度升高影响较小;可根据地形地势而建。

横向通风的缺点:建设的地域、地形有限制;通风上很难形成大的风速,夏季风冷效果较差;夏季设备投入、运营成本较大。

③垂直通风技术:垂直通风技术最早源于欧洲,荷兰和丹麦应用最早。

图 3-16 通风窗及吸顶风口

近几年,我国才在智能化猪场猪舍中广泛应用。其原理是基于猪舍内存在的热源而引发的自然空气对流,主要以气流无脉冲涌动、空气自热源由下向上、空气流速极低以及空气温度逐渐分层为标志,风机位于地沟的出风口,猪舍的空气被风机"抽吸"排出,进风口位于吊顶上,风从吊顶进入,穿过舍内通过漏缝地板经粪坑风道排出。垂直通风主要用于冬季通风换气,也可用于春秋季通风。由于地沟内有害气体浓度相对较高,从上往下的垂直通风模式对排除舍内有害气体更为有利,而且风机安装维护也更方便。

3. 联合通风

现代环控型智能化猪场猪舍多数采用水平与垂直通风系统相结合的联合通风模式(图 3-17),具体来说,联合通风应该称为横纵向联合负压通风,包括横向通风和纵向通风。横向通风主要用于舍内换气,纵向通风用于舍内降温。

在温度低于需要的温度时,系统运行在横向通风模式下,随着温度的升高,横向进风口的大小和排风量同时增大,以增大换气量和降低舍内温度。相对于通过纵向通风换气,横向通风模式不会对畜体产生风冷效应,舍内温度的变化更平缓。当温度过高时,横向通风模式运行最大,温度还无法下降的时候,横向通风模式将关闭,转换到纵向通风模式,此时纵向进风口全部开启,大风机将逐次打开,直至水帘开启。相对于横向通风降温,纵向通风模式直接作用于畜体上,产生较强的风冷效应,而且舍内温度的下降速度也更快。

图 3-17 联合通风的一侧

3.2.1.2 通风设备

(1)进气通风系统 进气通风系统又称正压通风系统。风机将舍外空气强制送入舍内,在舍内形成正压,迫使舍内空气通过排气口流出,实现通风换气。根据风机位置分侧壁送风、屋顶送风形式。其优点是可以方便地对进入舍内的新鲜空气进行加热、冷却和过滤等预处理,在严寒、炎热地区适用,对猪舍冬季环境控制效果良好;缺点是由于形成正压,迫使舍内潮湿空气进入墙体和天花板且易在屋角形成气流死角。

(2)排气通风系统 排气通风系统又称负压通风系统。风机将舍内污浊空气强制排出舍外,在舍内形成负压,舍外空气通过进气口或进气管流入舍内,实现通风换气。根据风机安装位置可分为两侧排风、屋顶排风、横向负压通风和纵向负压通风。一般跨度小于 12 m 的猪舍可采用横向负压通风,如果通风距离过长,易导致舍内气温不匀、温差大,对猪体不利。跨度大的猪舍可采用屋顶排风式负压通风,高床饲养工艺的分娩舍、保育舍采用两侧排风式负压通风。纵向负压通风可适用于各类猪舍。

3.2.1.3 通风措施

猪舍通风时,气流均匀无死角。猪舍内的气流速度,可以说明猪舍的换气程度。若气流速度在 0.01~0.05 m/s 时,说明猪舍的通风换气不良;在冬季,畜禽舍内气流大于 0.4 m/s 时,对保温不利。在寒冷季节,为避免冷空气大量流入,气流速度应在 0.1~0.2 m/s,最高不超过 0.25 m/s;在炎热的夏季,应当尽量加大气流或用风扇、风机加强通风,速度一般要求不低于 1 m/s。通风在一定程度上能够起到降温的作用,但过高的气流速度会因气流与猪体表间的摩擦而使猪只感到不舒适,因此,猪舍夏季机械通风的风速不应超过 2 m/s。

3.2.2 温湿度管理

3.2.2.1 降温管理

1.湿帘风机降温系统

湿帘风机降温系统是一种生产性降温设备,该系统主要部件由湿垫、风机、水循环系统及控制系统组成。主要是靠蒸发降温,也可辅以通风降温,其工作原理是利用"水蒸发吸收热量"。当水从上往下流时,水在湿帘(图3-18)波纹状的纤维表面形成水膜,快速流动的空气穿过湿帘水膜中的水,水的蒸发

图 3-18 湿帘

带走空气中的大量热量,使经过湿帘的空气温度降低形成冷空气进入猪舍,从而达到猪舍降温的目的。湿帘风机降温系统在炎热地区的降温效果十分明显。

湿帘风机降温系统既可将湿帘安装在一侧纵墙上,风机安装在另一侧纵墙上,使空气流在舍内横向流动;也可将湿帘风机各安装在两侧山墙上,使空气流在舍内纵向流动。湿帘风机降温系统中,湿帘的好坏,对降温效果影响很大。相对来说,经树脂处理的做成波纹蜂窝结构的湿强纸湿垫降温效果好,通风阻力小,结构稳定,安装方便,可连续使用多年。当其垫面风速为 $1\sim1.5$ m/s 时,湿垫阻力为 $10\sim15$ Pa,降温效率为 80%。

湿帘(或湿垫)也可用白杨木刨花、棕丝、多孔混凝土板、塑料板、草绳等制成。白杨木刨花制成湿垫时,若增大刨花垫的厚度和密度,能增加降温效果,但也增大了通风阻力。白杨木刨花湿垫的密度为 25 kg/m³,厚度为 8 cm 的结构较合理。白杨木刨花湿垫的合理迎风面风速为 $0.6\sim0.8$ m/s,每次用完后,水泵应比风机提前几分钟停止,使湿垫蒸发变干,减少湿垫长水苔。在冬季,湿帘外侧要加盖保温。白杨刨花湿垫一般每年都要更换,湿垫大约有 5 年使用寿命,湿垫表面积聚的水垢和水苔,使它丧失了吸水性和缩小了过流断面。在使用过程中,白杨木刨花会发生坍落沉积,波纹湿强纸也会湿胀干缩,这都会使湿帘出现缝隙造成空气流短路,以致降低应用效果,应注意随时填充和调整。

2.喷雾降温系统

喷雾降温系统是将水喷成雾粒,使水迅速汽化吸收猪舍多余热量。这种降温系统设备简单,具有一定的降温效果,但长期使用容易使舍内湿度增大,因而一般须间歇工作。一般情况下,喷雾是通过几个途径来发挥降温作用的:喷头将水喷成直径为 0.1 mm 以下的雾粒,雾粒在猪舍内漂浮时吸收空气中大量湿热并很快地汽化;雾粒可以达到降温效果,使舍内空气对流;部分水分喷落在猪身上,直接吸收猪体上的热量而汽化使猪感到凉爽。

喷雾降温时,随着气温下降,空气的含湿量增加。到一定时间后(据试验 $1\sim2$ min),湿热平衡,舍内空气水蒸气含量接近饱和。此外,地面可能也被大水滴打湿。如果继续喷雾,会使猪舍过于潮湿产生不利影响,猪越小,影响越大,因此喷头必须周期性地间歇工作。这种舍内呈周期性的高湿,对舍内环境的不利影响相对要小得多。如果舍内外空气相对湿度本来就高,且通风条件又不好时,则不宜进行喷雾降温。

对身体大一些的猪的喷雾降温,实际上主要不是喷雾冷却空气,而是喷头淋水湿润猪的表皮,直接蒸发冷却。这种情况下,对喷头喷出的雾粒大小要求

二维码 3-1 水帘风机的
智能化控制

不高,可在每栏的上方设一个喷头,喷头喷雾量为 0.001 7 m³/(10 头·min),喷头向下安装,形成的雾锥以能覆盖猪栏的 3/4 宽度为宜。用时间继电器将喷雾定为 2 min,每小时循环喷 1 次。喷雾压力为 2.7 kg/cm²(1 kg/cm²=0.1 MPa),喷头安装高度约 1.8 m。要想获得更小的雾粒,须采用专门喷头,增大喷雾压力。目前,农业建筑用的高压微雾降温系统,雾粒直径仅为数微米。由于这种降温系统管路中压力每平方厘米高达几十千克,故设备费用相对较高。为保证高压设备的安全,应请专业公司制作、安装。

3.间歇喷淋降温

喷淋冷水降温是利用远低于舍内气温的冷水,使之与空气充分接触而进行热交换,从而降低舍内空气温度的降温方法。此法是利用水的显热升温来降低舍内空气温度。如果用低于露点的冷水,还具有除湿冷却的优点。但是水的显热较小,冷却能力有限,故需消耗大量的低温水。除非有可能利用丰富的低温地下水的情况,否则一般不采用冷水降温。

4.滴水降温系统

滴水降温对于猪体来说是一种直接的降温方法,也就是说将滴水器中的水直接滴到猪只的肩颈部,从而达到降温的目的。滴水降温系统的组成与喷淋降温系统很相似,只是将降温喷头换成滴水器。通常,滴水器安装在猪肩颈部上方 300 mm 处。目前,该系统主要应用于分娩猪舍。对于分娩猪舍母猪需要降温,仔猪需要保暖,此方法可以大大解决这个问题。

由于刚出生的仔猪不能淋水和仔猪保温箱需要防潮,采用喷淋降温不太适宜,且母猪多采用定位饲养,其活动受到限制,可利用滴水为其降温。同时由于猪颈部对温度较为敏感,在肩颈部实施滴水,会让猪感到特别凉爽。此外,水滴在猪背部体表时,也有利于机体蒸发散热,且不影响仔猪的生长及仔猪保温箱的使用功能。滴水降温可减轻母猪在哺乳期间的体重下降,明显增加仔猪断乳体重。

滴水降温系统也应采用间歇方式进行,滴水时间可根据滴水器的流量进行调节,使猪颈部和肩部都湿润又不使水滴到地上为宜。比较理想的时间间歇为 45～60 min。

5.冷风降温系统

冷风机主要是将喷雾和冷风相结合使用的一种新型降温设备。对于冷风机的技术参数各生产厂家有所不同,一般通风量为 6 000～90 000 m³/h,喷雾雾滴直径可在 30 μm 以下,喷雾量可达 0.15～0.2 m³/h。舍内风速为 1.0 m/s 以上,降温范围长度为 15～18 m,宽度为 8～12 m。这种设备国内外均有生产,降温效果良好。

6.地板局部降温系统

地板局部降温系统主要在夏季使用,其原理与地暖相似,主要是将低温地下水

(15~20 ℃)通过埋在躺卧区的管道,对猪的躺卧区进行局部降温,使猪获得一个相对舒适的躺卧环境。这种系统不仅可用于密闭式畜舍,也可用于开放舍。据相关研究表明,利用地下水进行地板局部降温,当外界温度为 34 ℃时,仍可使开放式猪舍地面的躺卧区温度维持在 22~26 ℃,具有良好的降温效果。

7.机械制冷机降温系统

机械制冷也就是我们通常所说的空调降温,是根据物质状态变化过程中吸热、放热原理设计而成。机械制冷机在进行制冷运行时,低温低压的制冷剂气体被压缩机吸入后加压变成高温高压的制冷剂气体,高温高压的制冷剂气体在室外换热器中放热(通过冷凝器冷凝)变成中温高压的液体(热量通过室外循环空气带走),中温高压的液体再经过节流部件节流降压后变为低温低压的液体,低温低压的液体制冷剂在室内换热器中吸热蒸发后变为低温低压的气体(室内空气经过换热器表面被冷却降温,达到使室内温度下降的目的),低温低压的制冷剂气体再被压缩机吸入,如此循环。机械制冷降温效果好,但成本很高,因此,目前应用较少。

3.2.2.2 升温管理

现代化猪舍的供暖,分集中供暖和局部供暖 2 种方法。集中供暖是由一个集中供热设备,如锅炉、燃烧器、电热器等,通过煤、油、煤气、电能等燃烧产热加热水或空气,再通过管道将热介质输送到猪舍内的散热器,放热加温猪舍的空气,保持猪舍内适宜的温度。局部供暖有地板加热、电热灯等。为了达到科学合理的温度控制,现代猪场设计时要求集中供暖和局部供暖相结合的办法。

1.集中供暖

集中供暖是采用锅炉加热水,再通过管道将热水送入猪舍内部的散热片,或者采用地暖水管预埋于地下,对地面进行加热。猪舍地暖安装需由专业人员根据猪舍保温设计、散热器、采暖管道、锅炉大小等多种参数来进行设计方可取得满意的效果。

(1)水暖系统 在我国养猪生产实践中,多采用热水供暖系统,此系统以水为热媒,经锅炉加温加压的热水,通过管道循环,输送到舍内的散热器,为猪提供所需的温度。为防止热能散失,水管下一定要铺设隔热层(一般铺一层 2.5 cm 厚的聚氨酯)和铺设防潮层。热水采暖系统主要由提供热源的热水锅炉、供水管路、散热器、回水管路、水泵及散热设备等构成。此系统又可分为暖气片供暖和地暖供暖。

①暖气片供暖:主要在冬天寒冷的北方地区使用,具有保暖的作用,以前多使用铸铁暖气片,现在已经开发出了更多材质的暖气片。暖气片属于终端散热,导致舍温温度不均匀,舒适性要较差一些。

②地暖供暖:通过循环泵将热水打进水泥地面中的循环水管,使地面温度升高。热水管地面采暖在国外养猪场中已得到普遍应用,效果非常好,而且不占地面

面积。即将热水管埋设在猪舍地面的混凝土内或其下面的土层中（图 3-19），热水管下面铺设防潮隔热层以阻止热量向下传递。热水通过管道将地面加热，为猪舍生活区域提供适宜的温度环境。采暖热水一般是由统一的热水锅炉供应，个别猪场也采用在每个需要采暖的舍内安装一台电热水加热器。水温由恒温控制系统控制，温度调节范围为 45～80 ℃。

图 3-19　猪场铺设地暖

与其他采暖系统相比，热水管地面采暖有如下优点：节省能源，它只是将动物活动区域的地面及其附近区域加热到适宜的温度，而不是加热整个猪舍空间；可保持地面干燥，减少痢疾等疾病发生；供热均匀；利用地面的高贮热能力，使温度保持较长的时间。但也应注意，热水管地面采暖的一次性投资比其他采暖设备投资高近 2～4 倍；如果地面出现裂缝，极易破坏采暖系统而且修复起来比较费事；同时地面加热到达设定温度所需的时间较长，对于突然的温度变化调节能力差。

（2）热风采暖　热风采暖是利用热源将空气加热到要求的温度，然后用风机将热空气送入采暖间。热风采暖设备的投资一般来说比热水采暖的投资要低一些。可以和冬季通风相结合，将新鲜空气加热后送入采暖间。此外，它的供热分配均匀，便于调节。热风采暖系统的最大缺陷就是不宜远距离输送，这是因为空气的贮热能力很低，远距离输送会使温度递降很快。现在很多寒冷地区已经推广使用暖风机及热风炉。热风采暖主要有热风炉式、空气加热器式和暖风机式 3 种。

（3）空气源热泵　空气源热泵根据逆卡诺循环原理工作。热泵系统通过电能驱动压缩机做功，利用空气中的热量作为低温热源，使吸热工质产生循环相变，经过系统中的冷凝器或蒸发器进行热交换，将能量提取或释放到水中的一个循环过程。

众所周知，空气源热泵受环境温度、气候的影响大，随着温度的降低，机组制热量随之衰减，尤其是北方冬季极端恶劣天气。

在普通空气源热泵的基础上增加了"喷气增焓"系统，在环境温度大幅度下降时制热量衰减极小，充分保证了制热效果，机组在 −25 ℃ 可以正常运行，此机组称为"超低温空气源热泵机组"。

（4）生物质颗粒蒸汽锅炉　生物质颗粒蒸汽锅炉作为热力设备，其主要工作原理是利用生物质燃料燃烧后释放的热能传递给容器内的水，转换成一定压力蒸汽。

锅炉在"锅"与"炉"两部分同时进行,水进入锅炉以后,在汽水系统中锅炉受热面将吸收的热量传递给水,使水生成蒸汽,从而被引出应用。在燃烧设备部分,燃料燃烧不断放出热量,燃烧产生的高温烟气,将热量传递给锅炉受热面,而本身温度逐渐降低,最后由烟囱排出。

2.局部供暖

规模化养猪生产中,局部采暖主要应用在产仔母猪舍的仔猪活动区,其设备有加热地板、加热保温板、红外线灯、保温箱、火炉(包括火墙、地龙等)等。

(1)加热地板　加热地板有热水管和电热线2种。用热水管加热地板,加热水管埋在混凝土地板中,混凝土地板下有防水绝热层。水泵将热水泵入地板下的加热水管,流动的热水通过热水管对地板加热,地板下的传感器将所测得的温度传给恒温器来启、停水泵。用电加热线加热地板,电加热线的功率以7~23 W/m 为宜,电加热线安装于水泥地面以下3.5~5 cm 处,下有隔热层及防水层。在安装加热地板前应多次试验确认其没有断路或短路现象。加热地板上应避免有铁栏杆等。应设恒温器来控制地板温度。

(2)加热保温板　将电加热线安在工程塑料板内,板面有条纹防止跌滑,内装感温元件形成加热保温板。加热保温板可铺在地面上供仔猪躺卧。由于热空气向上运动,如果在板上加盖罩子,则可以阻止热空气的上升,罩内会更温暖。电热恒温保暖板的板面温度为26~32 ℃。产品结构合理,安全省电,使用方便,调温灵活,恒温准确,适用于大型猪场。

(3)红外线灯　红外线辐射热可以来自电或一些可燃气体。对产后最初几天的仔猪,如果下面有加热地板,每窝仔猪的红外线灯(图3-20)的功率可为200 W,如果无加热地板,功率应大于500 W。红外线灯的功率不同,悬挂高度应不同,悬挂高度可根据仔猪对温度的需要来调节。当水滴溅到红外线灯上时,红外线灯极

图 3-20　红外线灯

易炸裂,故需防溅。此法设备简单,保温效果好,并有防治皮肤病的作用。这是目前被养猪场广泛使用的一种供暖方式,其做法是在仔猪躺睡的保温箱上面悬挂红外线灯,此操作简单保温效果良好。

(4)保温箱　在猪舍内为仔猪提供了一个更小的、便于控制的人工气候环境。箱内热源除了猪的体热外,人工热源可以是白炽灯、红外线灯、石英灯,也可以是埋在板中的电加热线、固态发热体等。有的箱内一般装有恒温装置,如远红外加热保温箱。保温箱大小长 100 cm,高 60 cm,宽 50～60 cm。用远红外线发热板接上可控温度元件平放在箱盖上。保温箱的温度根据仔猪的日龄来进行调节,为便于消毒清洗,箱盖可拿开,箱体材料要用防水材料。

3.2.2.3　湿度管理

1.适宜湿度

在高温高湿的情况下,猪因体热散失困难,导致食欲下降,采食量显著减少,甚至中暑死亡。而在低温高湿时,猪体的散热量大增,猪就越觉寒冷,相应地猪的增重、生长发育就越慢。此外,空气湿度过高有利于病原性真菌、细菌和寄生虫的滋生;同时,猪体的抵抗力降低易患疥癣、湿疹以及呼吸道疾病。如空气湿度过低,也会导致猪体皮肤干燥、开裂。猪舍湿度一般控制在 50%～75%。常用温湿度计如图 3-21 所示。

图 3-21　温湿度计

为了防止猪舍内潮湿,应设置通风设备,经常开启门窗,加强通风,以降低室内的湿度,对潮湿的猪舍要控制用水,尽量减少地面积水。不同猪只阶段温湿度需求见表 3-8。

表 3-8　不同猪只阶段温湿度需求表

猪只阶段	适宜温度/℃	相对湿度/%
种公猪	15～20	60～70
后备母猪	17～20	60～70
空怀母猪	16～19	60～70
哺乳母猪	20～22	60～70
断奶仔猪	26	60～75
保育仔猪	24～26	65～75
育肥猪	16～20	65～75

2．控制措施

（1）加大通风　只有通风才可以把舍内水汽排出，通风是最好的办法，但如何通风，需根据不同猪舍的条件采取相应措施。

①抬高产床，使仔猪远离潮湿的地面，潮湿的影响会小得多。

②增大窗户面积，使舍内与舍外通风量增加。

③加开地窗，相对于上面窗户通风，地窗效果更明显，因为通过地窗的风直接吹到地面，更容易使水分蒸发。

④使用风机，风机可使空气流动加强，这一办法在空舍使用时效果非常好，在保育舍无法干燥时，使用大风扇昼夜吹风，可以很快使保育舍变干燥。

（2）有节制用水　在对潮湿敏感的猪舍（如产房、保育前阶段），应控制用水，特别是尽可能减少地面积水。

（3）地面铺撒生石灰　舍内地面铺撒生石灰，可利用生石灰的吸湿特性，使舍内局部空气变干燥，另外，生石灰还有消毒功能。

（4）铺设低温水管　低温水管也有吸潮的功能，如果低于 20 ℃的水管通过潮湿的猪舍，舍内的水蒸气会变为水珠，从水管上流下；如果舍内多铺设水管，同时设置排水设施，也会使舍内湿度降低。

3.2.3　光照的管理

光照是影响猪生产力和健康的重要环境因素之一。猪的光照根据光源，分为自然光照和人工照明。自然光照节电，但光照强度和光照时间有明显的季节性，一天当中也在不断变化，难以控制，舍内光照强度也不均匀，特别是跨度较大的猪舍，中央地带光照强度更差。为了补充自然光照时间及光照强度的不足，自然采光猪舍也应有人工照明设备。密闭式猪舍则必须设置人工照明，其光照强度和时间可根据猪只要求或工作需要加以严格控制。

自然光照取决于通过猪舍开露部分或窗户透入的太阳直射光和散射光的量，而进入猪舍内的光量与猪舍朝向、舍外情况、窗户的面积、入射角与透光角、玻璃的透光性能、舍内设置与布局等诸多因素有关。采光设计的任务就是通过合理设计采光窗的位置、形状、数量和面积，保证猪舍的自然光照要求，并尽量使光照强度分布均匀。

人工照明一般以白炽灯和荧光灯作为光源，不仅用于密闭式猪舍，也用作自然采光猪舍的补充光照。

正常情况下，母猪舍和后备猪舍的自然光照强度和人工光照强度保持在 50～

100 lx,每天光照时间必须保持 14～18 h;育肥猪舍光照强度为 50 lx,每天光照时间为 8～10 h;在舍外运动的种公猪光照强度为 100～150 lx,每天光照时间 8～10 h(1 lx 大致相当于 0.2 W 白炽灯发出的光)。

3.2.4 猪舍空气质量的管理

规模化猪场由于密度大,猪舍的容积相对较小而密闭,猪舍内蓄积了大量的二氧化碳、氨、硫化氢和尘埃。猪舍空气中有害气体的最大允许值为:二氧化碳 1 500 mg/m³,氨气 25 mg/m³,硫化氢 10 mg/m³。空气污染超标往往发生在门窗紧闭的寒冷季节,猪长时间生活在这种环境中,极易感染或引发呼吸道疾病。污浊的空气还可引起猪的应激综合征,表现出食欲下降、泌乳减少、狂躁不安或昏睡、咬尾咬耳等症状。

3.2.4.1 消除猪舍中有害气体的措施

造成猪舍内高质量浓度有害气体的原因是多方面的,因此,必须采取综合措施进行控制。

(1)科学进行畜禽舍建筑设计 猪舍建筑合理与否直接影响舍内环境卫生状况,因而在建筑猪舍时就应精心设计,做到及时排除粪污、通风、保温、隔热、防潮,以利于有害气体的排出。

(2)科学配合日粮并合理使用添加剂 合理的日粮配合和使用添加剂,如某些益生菌,可减少有害气体的排放量。

(3)在饲料中添加除臭剂 添加到畜禽饲料中可达到除臭效果的有沸石、活性炭、丝兰属植物提取液等。

(4)加强日常管理 在生产过程中,建立各种规章制度,加强管理,对防止有害气体的产生具有重要意义。

3.2.4.2 猪舍空气中微粒的控制

微粒是指存在于空气中固态和液态杂质的统称。大气中的微粒主要来源于地面和工农业生产活动。因此,地面条件、土壤特性、植被状态、季节和天气等因素以及工业生产、农事活动、居民生活等一系列过程,决定着空气中微粒的数量和性质。猪舍中的微粒则主要取决于舍内的饲养管理生产过程,如清扫地面、分发饲料、通风等生产活动,猪只的活动、咳嗽等,都会使畜舍空气中的微粒增多。

1.微粒的危害

微粒对猪的危害多在呼吸道。微粒直径的大小可以影响其侵入猪呼吸道的深度和停留时间,而产生不同的危害,微粒的化学性质则决定其毒害的性质。有的微粒本身具有毒性,如石棉、油烟、强酸或强碱的雾滴以及某些重金属(铅、铬、汞等)的粉末。有的微粒吸附性很强,能吸附许多有害物质。大于 10 μm 的降尘一般被阻留在鼻腔内,对鼻黏膜产生刺激作用,经咳嗽、喷嚏等保护性反射作用可排出体外。5~10 μm 的微粒可到达支气管,5 μm 以下的微粒可进入细支气管和肺泡,而2~5 μm 的微粒可直至肺泡内。这些微粒一部分沉积下来,另一部分随淋巴液循环流到淋巴结或进入血液循环系统,然后到达其他器官,引起尘肺病,表现为淋巴结尘埃沉着、结缔组织纤维性增生、肺泡组织坏死,导致肺功能衰退。当少量微粒被吸入肺部时,可由巨噬细胞处理,经淋巴管送往支气管淋巴结。肺内少量微粒的出现,通常不认为是尘肺。只有当微粒(粉尘)在肺组织中沉积并引起慢性炎症反应时才称为尘肺。尘肺必然有肺结构性和功能性障碍。

微粒在肺池的沉积率与粒径大小有关,1 μm 以下的微粒在肺泡内沉积率最高。但小于 0.4 μm 的微粒能较自由地进入肺泡并可随呼吸排出体外,故沉积较少。有害物质的微粒能吸附氨、硫化氢以及细菌、病毒等有害物质,其危害更为严重。这种微粒越小,被吸入肺部的可能性越大,这些有害物质在肺部有可能被溶解,并侵入血液,造成中毒及各种疾病。

微粒落在皮肤上,可与皮脂腺、汗腺分泌物以及细毛、皮屑、微生物混合在一起,对皮肤产生刺激作用,引起发痒、发炎,同时使皮脂腺和汗腺管道堵塞,皮脂分泌受阻,致使皮脂缺乏,皮肤变干燥、龟裂,造成皮肤感染。当汗腺分泌受阻时,皮肤的散热功能下降,热调节机能发生障碍,同时使皮肤感受器反应迟钝。

2.控制措施

(1)新建猪舍场选址时,要远离产生微粒较多的工厂。

(2)在猪舍四周种植防护林带,减小风力,阻滞外界尘埃进入猪舍;搞好猪场的绿化,路旁种草、植树,尽量减少裸露土地面积,以减少微粒的产生。

(3)饲料加工车间应与猪舍保持一定距离,并设防尘设施。

(4)改进饲喂方式,减少使用干粉料饲喂猪只,改用颗粒饲料,或者拌湿饲喂。

3.2.4.3 猪舍空气中微生物的控制

(1)在选择猪场场址时,应注意避开医院、动物医院、屠宰厂、皮毛加工厂等污染源。猪场要有完善的防护设施,猪场与外界要有明显的隔离,场内各分区之间也要严格分隔。

(2)采取各种措施减少猪舍空气中灰尘的含量,以使舍内病原微生物失去附着物而难以生存。

（3）新建的猪舍,应进行全面、彻底、严格的消毒,方可进入猪。

（4）引入的猪须隔离和检疫,确保安全后,方能并群。

（5）猪场各进出口设置清毒池和消毒槽,对进出猪场和猪舍的车辆和人员进行严格消毒。工作人员进入生产区前应换上工作服、鞋,经消毒后方可进入场区。

（6）防止场外动物进入场区,外来人员和车辆不能进入生产区,以减少病原微生物侵入猪场的机会。

（7）改进生产工艺,生产中尽量采用"全进全出"制,以彻底切断疾病的传播途径。

（8）及时清理清除粪便和污染垫料,搞好猪舍的环境卫生。

（9）定期进行猪舍全面消毒,必要时需进行带猪空气消毒。

3.2.5　噪声的管理

猪场噪声的来源主要有 3 个方面:一是外界环境传入,如交通车辆、拖拉机等的运行和喇叭、喷气式飞机的轰鸣和周围工厂的机械运行。普通汽车的声压级在 80~90 dB,载重汽车可达 90 dB 以上;二是猪舍内的机械运行,包括风机、喂料机、清粪机、真空泵等;三是猪只自身的嘶鸣、争斗、采食和运动等,但这部分强度为 50~60 dB,对猪只并无重大影响,但可影响周围居民的生活。

噪声的防治应从建场选址开始。猪场一般不建在机场、大型工厂、主要交通道路附近,场内设备选择时应注意其噪声指标、安装时的隔音和消音措施,以及猪舍周围的绿化。

3.2.6　卫生管理

正常圈栏清洗标准的要求如下。

1. 分类整理整顿

将无使用价值的劳保手套、泡沫箱、饲料口袋等移至舍外,进行无害化处理或焚烧;将舍内整包装药品、注射断尾类器械、粪铲、料铲、麻袋、工作服、水桶等进行浸泡消毒,然后用干净的胎衣袋封装,整体移至单元主过道或单元门口,禁止拿到其他单元使用或生活区。

将保温灯全部取下,并用浸泡过消毒药水的毛巾擦拭干净后用干净的胎衣袋封装,转移至单元主过道或单元门口;将插板、灯头用浸泡过消毒药水的毛巾擦拭后用塑料袋或防水袋包裹倒挂。

对水线进行循环泡洗消毒 24 h(加药器、饮水器):放干水管、加药器(图 3-22)里面的清水→加药器加消毒药(按照使用说明)→循环到水管、饮水器→浸泡消毒 24 h→放干水管、加药器里面的消毒水→清水透洗。

图 3-22　加药器

2.清理清扫

清扫圈栏、天花板、窗户等的蜘蛛网及污物;清除槽内、地板上的剩余的饲料并丢弃;对圈舍及漏缝板的粪污、栏杆和墙壁表面的大块污垢进行清理,如果已经硬化建议水泡后再清理掉。

3.初洗

用水管泡发圈栏、地面、墙壁,必须要充分打湿;泡发时间要求:清水浸泡时间至少 2 h;下午洗栏,建议上午清水冲一遍开始浸泡;上午洗栏,建议前一天下午下班前清水冲洗一遍;从高压清洗机进行第一遍的初洗,直到无大块粪便和污物(顺序为:天花板、墙壁、玻璃、下料管、圈栏、地板、粪沟等)。

4.泡沫清洗前准备

准备清洗机,推荐压力 80 kg(80 par 或 8 MPa)以上,压力越大泡沫越好,冲洗效率越高;准备泡沫枪,将泡沫枪连接到清洗机的出水管上,按照说明书稀释泡沫清洗剂。

5.喷洒泡沫

调节泡沫枪上方黑色小旋钮,往减号方向拧到底但不要拧死为泡沫丰富;旋转泡沫枪枪头来控制喷出泡沫的扇形面积,扇形面积以均匀覆盖扇形的泡沫、中间没有泡沫空心为标准;污物厚重的地方适当多喷,不要留清洗死角,要求清洗区域泡沫全覆盖;待泡沫作用于污物表面 30 min 左右(夏季 20 min),开始冲洗;需要注意夏天天热可能会干得相对较快,因此需要早晚温度相对低的时候喷洒泡沫。

6.冲洗

将舍内水线及饮水器和加药器中水线的消毒液排出;高压冲洗时,枪头和冲洗区域距离不低于 30~40 cm,从上至下,从里到外,彻底冲掉泡沫和污物;对舍内工具进行冲洗;分娩舍漏缝板每季度拆洗一次;最后掀开粪沟盖板,清理粪沟积粪后,再对粪沟进行清洗(可以每半年1次)。

7. 检查验收

启动消毒自查,可以设计表格进行填写;自查合格后向场内生物安全负责人申请验收检查;验收不合格将继续清洗整改,直到验收合格为止。

进行有机物检测:随机采点检测,有机物含量不能高于试剂盒规定的标准(有条件的场区可以增加特定病原的检测),合格后进入消毒干燥环节(不合格继续清洗);洗栏工人将所有洗栏的专用工具浸泡消毒。

8. 消毒干燥

将暂存区域物资从胎衣袋取出,放回舍内并摆放在相应位置;圈舍整体干燥(舍内食槽、栏门、地面等无积水)后,对圈舍、出猪台、粪沟进行喷雾消毒2次,过硫酸氢钾和戊二醛1天1次交替使用(确保已干燥后再进行第二次喷雾);独立通风单元用三氯异氰尿酸进行第三次进行熏蒸消毒(1∶500);所有消毒工序完成后,打开猪舍门窗进行干燥,待干燥后才能再次关猪。图3-23所示为出猪台的消毒干燥。

9. 猪舍周围整治

对猪舍周围的杂草、排水沟进行清理;对猪舍周围的垃圾进行清理,统一进行焚烧。

图3-23　出猪台消毒干燥

3.3　猪场营养调配

猪群的营养关系到猪群整体健康水平,不充足或者不合理的营养会极大影响猪只的免疫力,只有合理的营养调配才能让猪群保持正常的生产性能和繁殖性能,才能让猪场生物安全有一定的免疫基础。

3.3.1 饲料原料质量管理

3.3.1.1 主要原料类型

猪饲料主要的原料包括能量饲料、蛋白质饲料、矿物质和非营养性添加剂（表 3-9）。

表 3-9 猪饲料的原料

种类		名称
能量饲料	籽实类	玉米、大麦、高粱、稻谷、燕麦
	糠麸类	麸皮、米糠、玉米麸
	块根块茎类	红薯、马铃薯、木薯
	油脂类	水产动物油：鱼油、乌贼油、鱼肝油 植物油：豆油、花生油、玉米油、棕榈油、菜籽油 动植物混合油：大豆卵磷脂、粉末油脂
蛋白质饲料	动物性蛋白	水产品：鱼粉、虾粉、虾壳粉、蟹壳粉、鱼溶浆粉、乌贼粉、鱿鱼肝粉 禽畜屠后副产物粉：肉骨粉、肉粉、血粉、水解羽毛粉、肝脏粉 虫：蝇蛆粉、昆虫粉
	植物性蛋白	豆粕、花生粕、菜籽粕、棉籽粕、大豆粉、玉米蛋白粉、酒糟粉、豆渣、啤酒粕
	微生物蛋白	酵母粉、碳氢酵母、复合活菌剂
矿物质	常量元素	食盐、石粉、蛋壳粉、贝壳粉、方解石、石膏、骨粉、磷酸盐类
	微量元素	铁、铜、锰、锌、硒等
非营养性添加剂		防霉剂、抗氧化剂、黏合剂、着色剂、诱食剂、消化促进剂及生长促进剂

3.3.1.2 质量管理措施

猪场饲料的质量管理主要体现在饲料的制备、运输、保存、使用等环节，其中每个环节都可能出现污染的情况，所以要严格把控饲料的质量管理。对于猪场而言，最容易出现的饲料安全问题主要是饲料的霉变及各环节的病原污染。

1. 防霉管理

只要条件适宜，饲料中的霉菌就会生长、繁殖。特别是玉米，其胚占全粒体积的 1/3，而且呼吸作用大，吸湿性强，玉米的呼吸强度是小麦、水稻等粮食作物的 8～11 倍。因此，在相同的温度、湿度条件下，玉米比水稻、小麦等粮食更容易发生霉变。

一般要求玉米、高粱、稻谷等的含水量不超过 14％；大豆及其饼粕、麦类、次粉、糠麸类的含水量不超过 13％；棉籽饼粕、菜籽饼粕、花生仁饼粕、鱼粉、骨粉及肉骨粉等的含水量应不超过 12％。水分含量过高易使饲料发霉，同时会增加加工成本，并使饲料产品的水分含量增高。因此应制定和执行原料含水量的内控标准。此外，要保证良好的原料储存条件，在不影响生产的情况下尽量缩短原料库存期。

如果是用袋装饲料的话，那么要求饲料产品包装袋密封良好，如有破损应停止使用。饲料在运输过程中若被雨淋、浸湿极易发生霉变。若运输过程中遇到暴晒，饲料温度将会升高，使饲料内部的水分蒸发出来，当环境温度下降时，环境与饲料之间形成一个温差，从而使饲料包装袋边缘潮湿，导致饲料包装袋内边缘水分升高而产生霉变。

放置原料（饲料）的仓库要宽敞、通风良好，最好用木板架垫高，大约离地面 10 cm，同时地面做好防水处理或覆盖，最好将室内温度控制在 15 ℃左右，湿度控制在 70％以下。

原料（饲料）按先进先出原则使用，根据原料特性确定适宜储存期，自配料最好当天配当天用，确保原料新鲜，以免储存期过长而发霉变质。

2.污染风险管理

饲料易受到病原的污染，应慎重使用除乳清粉外的动物性原料，并在原料采购时固定供应商，固定原料供应地，进行风险因素评估。

在猪舍生产单元的各个门口加设挡鼠板；增加诱鼠饵，定期灭鼠；及时清扫裸露的原料和成品料；在原料库和成品库门口增加防鸟网。

避免饲料长期暴露在环境中，准确及时调控猪只饲料用量，减少余料剩料，避免将余料剩料饲喂其他猪只，建议进行无害化处理。

3.3.2　营养配方

3.3.2.1　猪群营养需要

猪的营养应包含空气、水和食物，这是动物生存的必备营养素。营养是猪群健康的基础，当猪群出现健康异常时，首先表现出对营养需求的变化（表 3-10，表 3-11）。例如，猪出现呼吸急促时说明机体需要大量的氧气来加强细胞的新陈代谢，加快机体营养的转化来增加免疫力，猪只常表现发烧症状；猪出现饮水增加时说明猪在病的潜伏期，机体的代谢加快需要更多水参与；猪出现采食量开始下降时说明猪在病的早期，病猪通过降低采食量来减少各脏腑机能的负担，有利于机体集中力量对抗病原。

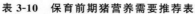

表 3-10　保育前期猪营养需要推荐表

项目	单位	体重/kg	
		断乳～7.5	7.5～11.5
日粮能量水平			
净能	kcal/kg	2 545	2 545
代谢能	kcal/kg	3 395	3 395
标准回肠可消化氨基酸			
赖氨酸	%	1.46	1.42
(甲硫氨酸＋半胱氨酸)赖氨酸	比值	58	58
苏氨酸:赖氨酸	比值	65	65
色氨酸:赖氨酸	比值	20	19
缬氨酸:赖氨酸	比值	67	67
异亮氨酸:赖氨酸	比值	55	55
亮氨酸:赖氨酸	比值	100	100
组氨酸:赖氨酸	比值	32	32
(苯丙氨酸＋酪氨酸):赖氨酸	比值	92	92
矿物质			
有效磷	%	0.45	0.4
STTD磷	%	0.5	0.45
分析钙	%	0.65	0.65
钠	%	0.4	0.35
氯	%	0.35～0.40	0.32
添加微量元素			
锌	mg/kg	130	130
铁	mg/kg	130	130
锰	mg/kg	50	50
铜	mg/kg	18	18
碘	mg/kg	0.65	0.65
硒	mg/kg	0.3	0.3
添加维生素	每千克全价日粮		
维生素 A	IU/kg	5 000	5 000
维生素 D	IU/kg	1 600	1 600

续表 3-10

项目	单位	体重/kg	
		断乳～7.5	7.5～11.5
维生素 E	IU/kg	50	50
维生素 K	mg/kg	3	3
胆碱	mg/kg	/	/
烟酸	mg/kg	50	50
核黄素	mg/kg	8	8
泛酸	mg/kg	28	28
维生素 B_{12}	μg/kg	38	38
其他营养成分推荐水平			
豆粕,最高添加量	%	20	28
SID 赖氨酸∶粗蛋白质(最大值)	%	6.4	6.4
高消化性蛋白质	%	5～10	3～5
高消化性碳水化合物	%	15	7.5

资料来源:PIC 营养与饲喂手册。

表 3-11　保育后期和育肥猪营养需要推荐表

项目	单位	体重/kg					
		11～23	23～41	41～59	59～82	82～104	104～出栏
标准回肠可消化氨基酸							
赖氨酸∶净能	g/Mcal	5.32	4.74	4.11	3.54	3.06	2.72
赖氨酸∶代谢能	g/Mcal	3.9	3.47	3.03	2.62	2.29	2.08
(甲硫氨酸＋半胱氨酸)∶赖氨酸	比值	58	58	58	58	58	58
苏氨酸∶赖氨酸	比值	65	65	65	65	65	66
色氨酸∶赖氨酸	比值	19	18	18	18	18	18
缬氨酸∶赖氨酸	比值	68	68	68	68	68	68
异亮氨酸∶赖氨酸	比值	55	56	56	56	56	56
亮氨酸∶赖氨酸	比值	100	101	101	101	101	102
组氨酸∶赖氨酸	比值	32	34	34	34	34	34
(苯丙氨酸＋酪氨酸)∶赖氨酸	比值	92	94	94	94	95	96

续表 3-11

项目	单位	体重/kg					
		11～23	23～41	41～59	59～82	82～104	104～出栏
L-赖氨酸盐酸盐（最大添加量）	%	/	0.45	0.4	0.35	0.28	0.25
最大 SID 赖氨酸：粗蛋白质	%	6.4	/	/	/	/	/
最低粗蛋白质水平	%	/	/	/	/	/	13
矿物质							
STTD 磷：净能	g/Mcal	1.8	1.62	1.43	1.25	1.1	0.99
STTD 磷：代谢能	g/Mcal	1.32	1.2	1.07	0.95	0.84	0.77
有效磷：净能	g/Mcal	1.54	1.39	1.23	1.07	0.94	0.85
有效磷：代谢能	g/Mcal	1.14	1.03	0.92	0.82	0.72	0.66
分析钙：分析磷	比值	1.25～1.50	1.25～1.50	1.25～1.50	1.25～1.50	1.25～1.50	1.25～1.50
钠	%	0.28	0.25	0.25	0.25	0.25	0.25
氯	%	0.32	0.25	0.25	0.25	0.25	0.25
添加微量元素							
锌	mg/kg	130	111	98	78	65	65
铁	mg/kg	130	111	98	78	65	65
锰	mg/kg	50	43	38	30	25	25
铜	mg/kg	18	15	14	11	9	9
碘	mg/kg	0.65	0.55	0.49	0.39	0.33	0.33
硒	mg/kg	0.3	0.3	0.3	0.3	0.25	0.25
添加维生素	每千克全价日粮						
维生素 A	IU/kg	5 000	4 250	3 750	3 000	2 500	2 500
维生素 D	IU/kg	1 600	1 360	1 200	960	800	800
维生素 E	IU/kg	51	44	37	31	26	26
维生素 K	mg/kg	3.1	2.6	2.4	1.8	1.5	1.5
烟酸	mg/kg	51	44	37	31	26	26
核黄素	mg/kg	8	7	7	4	4	4
泛酸	mg/kg	28	24	22	18	14	14
维生素 B_{12}	μg/kg	38	33	29	22	20	20
胆碱	mg/kg	/	/	/	/	/	/

资料来源：PIC 营养与饲喂手册。

3.3.2.2 科学配方

每个生产阶段的猪群对饲料营养的需求有所不同,因此,要提高各生产阶段猪群的生产性能就要求营养配方精细化,营养过高或缺乏都会影响猪群的健康度。目前我国大多数猪场生长期猪饲料配方相对较多,有教槽料、过渡料、仔猪料、中猪料和育肥料,但标准太统一,不够精细化和差异化,一个饲料配方许多不同猪场同时使用,而猪只生活环境又不一样,所以会有个体差异出现,最好是每个猪场根据自身的建设、环境以及养殖管理等特点,设计适合本场的精准化的饲料配方,如有些猪场就通过在饲料中添加中草药的方式来提高猪群抗病能力。

3.3.3 饮水管理

3.3.3.1 饮水对猪群的影响

对于猪来说,水是不可缺少、无可替换的营养物质,具有体温调节、营养运输、生化反应、润滑与保护等功能。猪只在极端缺水情况下,存活时间不过几天;而没有饲料,猪只却可以存活数周。所以,充足的饮水对于维持猪的健康和福利水平非常重要。但在实际生产过程中,饮水的问题却往往最容易被忽视。不同阶段猪只最小饮水量如表 3-12 所示。

表 3-12　不同阶段猪只最小饮水量　　　　　　　　　　L/d

饲养阶段	最小饮水量
保育猪	3
育肥猪	10
妊娠母猪	17
哺乳母猪	19
断乳母猪	19
公猪	17

引自:Thacker(2001)。

3.3.3.2 饮水设备

猪用主动饮水器的品种许多,有鸭嘴式、乳头式、杯式等(图 3-24)。

鸭嘴式饮水器整体结构简单,耐腐蚀,工作可靠,不漏水,寿命长,但其较突出,容易导致猪被划伤。此外,鸭嘴式饮水器比较耗费水源,流淌到地上的水也会导致猪舍潮气过重。

乳头式饮水器的最大特点是结构简单,与鸭嘴式饮水器一样都属造价较低的饮水设备。相比于鸭嘴式饮水器,乳头式饮水器更加安全,并且过水能力更强,被堵塞的概率更低。但其密封性差,并要减压使用,否则,流水过急,不仅猪喝水困难,而且流水飞溅,浪费用水,弄湿猪栏。

杯式饮水器是一种以盛水容器(水杯)为主体的单体式自动饮水器,常见的有浮子式、弹簧阀门式和水压阀杆式等类型。其最大的优点是可以节约用水,并且避免水直接流到地上导致猪舍潮湿,还可有效避免饮水器划伤猪的嘴部。只不过造价相对比较高,会提升设备采购花费,同时杯子易积累余水,生物安全风险较高。

图 3-24　鸭嘴式、乳头式、杯式饮水器

3.3.3.3　饮水消毒措施

1. 饮水消毒

猪饮用水应该清洁无毒,无病原菌,符合人的饮用水标准,生产中要使用干净的自来水或深井水。

饮用水与冲洗用水要分开,饮用水必须要经过消毒。目前,用于猪饮水消毒的化学药品主要有氯剂(如漂白粉、次氯酸钠)、溴剂(如氯化溴)、阳离子与两性离子表面活性剂(如新洁尔灭)等,还可以使用过硫酸氢钾复合盐[体积比(1:5 000)～(1:20 000)倍]消毒饮用水,也可以通过 DCW(Danish Clean Water)次氯酸发生器进行消毒。当暴发疾病时应加大用量,特别是发生肠道疾病(如病毒性腹泻),可使用过硫酸氢钾复合盐体积比(1:1 000)～(1:2 000)倍消毒饮用水。

2. 水线清洗消毒

(1)分析水质　分析结垢的矿物质含量(钙、镁和锰)。如果水中含有 90 mg/kg 以上的钙、镁,或者含有 0.05 mg/kg 以上的锰、0.3 mg/kg 以上的钙和 0.5 mg/kg 以上的镁,就必须把除垢剂或酸化剂纳入清洗消毒程序,溶解水线及其配件中的矿物质沉积物。

(2)选择清洗消毒剂　选择一种能有效地溶解水线中的生物膜或黏液的清洗消毒剂,如浓缩过氧化氢(又称双氧水)溶液。在使用高浓度清洗消毒剂之前,请确保排气管工作正常,以便能释放管线中积聚的气体。

(3)配制消毒剂　为保证消毒效果,最好使用清洗消毒剂标签上建议的上限浓度。大多数加药器只能将原药液稀释至 0.8%～1.6%。如果使用更高的浓度,就需要另外配制清洗消毒溶液,不经过加药器直接灌注水线。

(4)清洗消毒水线　灌注长 30 m,直径 20 mm 的水线,需要 30～38 L 的清洗消毒溶液。水线末端应设有排水口,以便在完全清洗后开启排水口,彻底排出清洗消毒溶液。

(5)去除水垢　水线被清洗消毒后,可用除垢剂或酸化剂产品去除其中的水垢。柠檬酸是一种具有除垢作用的产品,可浸泡 12 h 后再冲洗。使用除垢剂时,应遵循设备制造商的建议。

3.4　防疫管理

3.4.1　内部隔离

猪场内部隔离主要由建造的隔离舍来完成,包括隔离观察舍和病畜隔离舍。隔离观察是为避免调入的畜禽把病源带入养殖场而采取的临时的隔离饲养措施,是养殖场在调入畜禽时,通过观察诊断的方式,获得的一层防疫屏障。隔离病畜是为避免病畜携带的病源继续向健康畜禽传播的有效方法,能够保护健康动物免受病源的侵扰,保障大群畜禽的安全。

隔离舍应建设在养殖场的下风方向,距离生产区应达到 30～50 m,并与生产区建立起明显的隔离屏障。周围有符合防疫要求的围墙和绿化缓冲带,在入口处设明显的警示标志。病畜隔离舍应在隔离观察舍的下风方向,两者距离 20 m 以上,可用兽医室将两者直接隔离开,以便于兽医人员开展工作。饲料运输通道与病畜运输通道应明确区分开来。

隔离舍进出口应设立专门的消毒通道。隔离观察舍在圈舍结构方面,原则上要与生产区圈舍一致,以通过隔离观察后,更快让调入的畜禽适应本场的生存环境。但更要注重消毒的条件与效果,更要拓宽饲养的适用性,能随时更换饲养设备,适应各年龄段、不同用途畜禽的饲养。建议舍内的设施设备,在安装方面采用活节,方便拆卸;在温度、湿度、通风等控制方面,采用电力自动化设备。且病畜隔离舍应采用小单元隔离模式,以防止病畜间的相互感染。面积大小应达到生产区圈舍面积的 1/10 以上。在温湿度、通风控制方面要优于生产区圈舍。一般要安装全自动雾化消毒装置。要有密闭式的粪污通道,连接无害化处理井。

3.4.2　消毒管理

消毒是杀灭或清除猪场内外环境及猪体表面病原微生物、切断疫病传播途径的有效措施,是生物安全管理中最重要的手段之一。按照消毒的性质将其分为物理消毒、化学消毒和生物消毒3种。按照消毒的目的将其分为预防消毒、紧急消毒和终末消毒。在猪场,根据预防和控制不同的疫病以及不同的生产环节,在进行预防、紧急或是终末消毒时,物理、化学和生物消毒3种方法可以单独使用,也可以联合使用。

3.4.2.1　消毒的种类及方法

1.物理消毒法

先进行机械性清除,可清除大部分病原体,是有效消毒的前提。消毒药物作用的发挥,必须使药物接触到病原微生物,但被消毒的现场会存在大量的有机物,如粪便、饲料残渣、畜禽分泌物、体表脱落物,以及鼠粪、污水或其他污物,这些有机物中藏匿着大量病原微生物。同时,消毒药物与有机物,尤其是与蛋白质有不同程度的亲和力,可结合成为不溶性的化合物,并阻碍消毒药物作用的发挥。而且,消毒药被大量的有机物所消耗,严重降低了对病原微生物的作用浓度。所以,在进行消毒前必须先清除污物、粪便、饲料、垫料等有机物。并用高压水彻底冲洗,如有条件,尽量使用65 ℃以上的热水。

物理消毒常用高温、阳光、干燥和紫外线消毒等。针对不同的消毒目标可选用不同的消毒方式。

(1)高温消毒　高温消毒对多数病原体都有很好的杀灭效果,包括火焰烧灼和烘烤、煮沸消毒和蒸汽消毒。

①火焰烧灼和烘烤:是简单而有效的常用消毒方法,但其缺点是使用范围有限。火焰消毒仅用于地面、墙壁、金属圈栏和用具的消毒,焚烧用于处理病死猪的尸体、垫草、饲料残渣、污染的垃圾和其他应废弃的物品。烘烤采用的主要设备是干烤灭菌器(图 3-25),适用于如烧杯、烧瓶、吸管、试管、离心管、培养皿、玻璃注射器、针头、剪刀等的灭菌。

②煮沸消毒:大部分非芽孢病原微生物在 100 ℃的沸水中迅速死亡。各种金属器械、玻璃器皿、衣物等都可以进行煮沸消毒(图 3-26)。将耐煮污染物品浸入含水容器内,加少许碱类物质(如 1‰～2‰小苏打等),可使蛋白质、脂肪溶解,防止金属生锈,提高沸点,增强消毒作用。

图 3-25　干烤灭菌器

图 3-26　煮沸消毒

③蒸汽消毒：蒸汽消毒指相对湿度在 $80\%\sim$ 100% 的热空气能携带许多热量，遇到消毒物品凝结成水，放出大量热能，从而达到消毒目的。这种消毒法与煮沸消毒的效果相似。在猪场一般利用铁锅和蒸笼进行蒸汽消毒，有条件的也可采用高压蒸汽灭菌锅（图 3-27）对一些常用的器械和衣物进行消毒。

（2）日光照射　日光照射是猪场一种经济有效的消毒方法，通过其中的紫外线及热量和干燥等因素的作用直接杀灭多种病原微生物。在日光直射下，经过几分钟或几小时可杀死病毒和非芽孢性病原菌，经长时间日光直射可使芽孢菌致弱或失活。日光消毒是猪舍外场地、用具及物品消毒的经济实惠的方法。

（3）紫外线消毒　紫外线消毒（图 3-28）常用于室内消毒，具有高效杀菌、广谱杀菌等优点，运行、维护简单，成本较低。但是紫外线消毒只能作用于物理的

图 3-27　高压蒸汽灭菌锅

表面，而且，紫外线长期照射，对活体有害，猪和人都不适宜长时间接触紫外线。猪场使用紫外线消毒，每次 5 min 为宜，在空栏的情况下可以适当加长消毒时间。紫外线杀菌效力与其波长的能量有关，一般能量在 $250\sim260$ nm 波长范围内的紫外线杀菌效力最高，效果最好。一般国内猪场通常用的紫外线消毒灯其光的波长绝大多数在 253.7 nm 左右。

紫外灯的使用一般分为 2 种方式：一种方式是将紫外线灯固定在某一位置进

行照射消毒,一般是悬挂、固定在天花板或墙壁上,向下或侧向照射。该方式多用于需要经常进行空气消毒的场所,如猪场兽医室、进场大门消毒室、无菌室等。另一种方式是移动式照射,将灯管装在活动式的灯架下,此方式适用于不经常进行消毒或不便于安装紫外线灯的场所。不同的照射强度,消毒效果不一样,如果达到足够的辐射度就可以获得较好的消毒效果。

安装紫外线消毒灯,需要注意无法照射到的角落及有效消毒范围,灯管周围1.5~2 m处为消毒的有效范围。

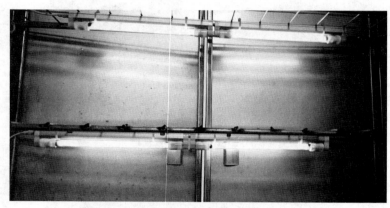

图 3-28　紫外灯消毒

2.化学消毒法

化学消毒是指利用酸类和碱类等化学消毒剂进行浸泡(图 3-29)、熏蒸和喷雾(图 3-30)等消毒。消毒剂能够有效地杀灭或抑制病原微生物生长繁殖,选择消毒剂应遵循高效、安全、稳定、经济、方便等原则。化学消毒的效果受许多因素影响,如病原体的特点、所处环境的情况和性质、消毒时的温度、药剂的浓度、作用时间长短等。

常用化学消毒剂有:戊二醛、复合酚、氯制剂(如二氯异氰尿酸钠、次氯酸钠等)、氢氧化钠(烧碱)、氧化钙(生石灰)、聚维酮碘、碘酊、过氧乙酸、高锰酸钾、过氧化氢(双氧水)、乙醇、苯扎溴铵(新洁尔灭)等。其中,氧化钙(生石灰)是最廉价的消毒用品,容易购买,使用方便,生石灰本身不具备消毒功能,必须与水作用,生成氢氧化钙(熟石灰)才具备消毒能力。

目前,猪场最为常用的消毒剂是过硫酸氢钾复合盐,其是一种无机酸性氧化剂,是一种新型的活性氧消毒剂。作为第五代消毒剂,其具有非常强大而有效的非氯氧化能力,水溶液为酸性,非常适合各种水体消毒,溶解后产生各种高活性小分子自由基活性氧等衍生物,在水体中不会形成毒副产物,安全性极高。

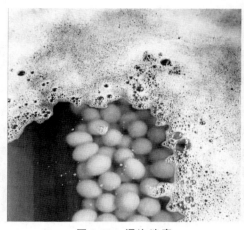

图 3-29　浸泡消毒

图 3-30　喷雾消毒

采用化学消毒剂杀灭病原是消毒中最常用的方法之一,理想状态下的消毒剂具有抗菌谱广、对病原体杀灭力强、性质稳定、维持消毒效果时间长、对人畜毒性小、对消毒对象损伤轻、价廉易得、运输保存和使用方便、对环境污染小等特点。

3. 生物消毒法

生物消毒法是指通过堆积发酵(图 3-31)、沉淀池发酵、沼气池(图 3-32)发酵等产热或产酸,以杀灭粪便、污水、垃圾及垫草等内部病原体的方法。

图 3-31　堆肥发酵腐熟的猪粪

图 3-32　沼气池

猪场生产中产生的大量粪便、粪污水、垃圾及杂草等,可通过发酵过程所产的热量杀灭其中病原体。由于发酵过程还可改善粪便的肥效,所以生物消毒法在各地的应用非常广泛。条件成熟的还可采用固液分离技术,并可将分离的固形物制成高效有机肥料,液体经发酵后用于渔业养殖。

4. 消毒分类

(1)预防性消毒　预防性消毒也称日常消毒,是根据生产的需要在生产区和猪群中进行的各种消毒工作。包括定期对圈舍、道路和猪群的消毒,定期向消毒池内投放消毒剂等;临产前分娩舍、产床的消毒;仔猪断尾、断脐、去势后对伤口的消毒;人员、车辆进入生产区时的消毒;饲料、饮用水乃至空气的消毒;医疗器械如体温表、注射器、针头等的消毒。

(2)随时消毒　随时消毒指的是当猪群中有个别或少数猪发生一般性疫病或者突然死亡时,需要立即对所在圈舍进行局部强化消毒,包括对发病或死亡猪只的消毒及无害化处理。

(3)终末消毒　采用多种消毒方法对全场或部分猪舍进行全方位的彻底清理与消毒。包括全进全出的猪舍,当猪群全部自栏舍中转出空栏后,或在发生烈性传染病的流行初期和在疫病流行平息后,准备解除封锁前均应进行大消毒。

3.4.2.2　洗消剂

1. 清洁剂

清洁须重视清洁剂的使用。可选择肥皂水、洗涤净以及其他具有去污能力的清洁剂。目前部分猪场常选用泡沫消毒剂,既可清洗也可达到消毒的目的。泡沫消毒剂是通过泡沫发生装置将液态的消毒剂转化为气相泡沫形式黏附在物体表面,泡沫消毒剂与待消毒表面接触后通过润湿、乳化、渗透、分散及增溶等作用方式,去除物体表面的生物膜,延长清洗消毒时间,以达到深度清洁消毒的目的。适用于所有猪场环境的消毒与清洗,如畜禽栏舍地面、墙壁、铁栅栏、笼具、饲槽、车辆等。泡沫消毒剂可选用戊二醛类泡沫型消毒剂,或者碱性泡沫清洁剂,原液或稀释液喷洒。

2. 消毒剂

猪场选用消毒剂时应考虑能否迅速高效杀灭常见病原,能否与清洁剂共同使用,或自身是否具有清洁能力,最适温度范围,有效作用时间,不同用途的稀释比例,能否适应较硬的水质,刺激性小,无毒性、染色性及腐蚀性等。为避免病原产生耐药性,猪场应定期更换消毒剂。猪场常用消毒剂见表3-13。

表3-13　猪场常用消毒剂

种类	名称	优点	缺点	常用区域
碱类	氢氧化钠（烧碱）	杀菌作用强大，能灭病毒	①强碱，会灼烧猪，只能用于空舍消毒；②对金属器械、纺织品有腐蚀性，易吸潮，导致结块、失效；③可能对环境造成污染	猪场入口处、运输车辆、猪舍、仓库、工作间、墙壁、病死猪无害化处理区
	氧化钙（生石灰）	①价格低廉；②无刺激性气味；③可作为干燥剂使用	①消毒效果较差，极易与空气中的二氧化碳以及土壤中碳酸根形成碳酸钙而失去消毒效果；③不易保存，目前生石灰鉴于价格成本，包装质量较差，使生石灰容易吸潮并转化为碳酸钙而失去消毒效果；④易扬尘，对鼻腔黏膜造成损伤；⑤易腐蚀猪蹄部；⑥对环境影响较大，使土壤、水源碱化	路面、墙壁、猪栏、粪池
酚类	苯酚、煤酚、复合酚	①广谱高效消毒剂，可杀灭细菌、真菌和病毒，对多种寄生虫卵也有杀灭作用；②长效，环境中药效能维持7 d	①具有强致癌及蓄积毒性；②酚臭味重	环境、车辆、消毒池、脚踏地、用具、污染物
含氯消毒剂	漂白粉、次氯酸钠、三氯异氰尿酸钠、三氯异氰氧尿酸钠	①价格低廉；②使用方便；③为高效消毒剂，对病原杀灭效果较好；④消毒起效迅速；⑤对水质有调节作用，可减少水体中的氨氮等	①稳定性差，水溶液有效氯含量下降较快；②具有刺激性气味，对猪只、人员刺激性较大（次氯酸消毒水除外）；③抗有机物能力差，在有粪便、尿液存在时，消毒效果降低	车辆、环境、饮水等

续表 3-13

种类	名称	优点	缺点	常用区域
季铵盐类	苯扎溴铵、癸甲溴铵	①毒性较低；②无刺激性气味；③水溶性好，表面活性强，使用方便；④腐蚀性较小；⑤性质稳定，耐光、耐热、耐贮存	①低效消毒剂，对部分病原尤其是无囊膜病毒杀灭效果较差；②易受有机物、温度、pH、水质的影响	环境、器具、饮水等
醛类	甲醛、戊二醛、复合型戊二醛、福尔马林	①广谱高效消毒剂；②毒性较低；③对金属腐蚀性略小，但酸性戊二醛腐蚀性较强；④抗有机物能力强；⑤稳定性较好	①消毒效果易受 pH 影响；②消毒效果发挥较缓慢；③有一定的刺激性气味	环境、物品、猪舍
过氧化物类	过氧乙酸、过氧化氢、过硫酸氢钾	①广谱高效消毒剂；②消毒效果发挥迅速；③低温下消毒效果较好；④抗有机物能力强；⑤无刺激性气味；⑥毒性较低；⑦腐蚀性较小；⑧水溶液消毒效果维持时间长	成本相对较高	环境、物品、人员、带猪消毒、饮水

3.4.2.3 消毒程序

1.人员消毒

（1）体表消毒　使用过硫酸氢钾复合盐、碘类复方消毒剂、季铵盐类消毒剂进行淋浴或雾化消毒（图 3-33）。

图 3-33　人员通道雾化消毒

（2）鞋底　人员通道地面应做成浅池型，池中垫入有弹性的室外型塑料地毯，使用过硫酸氢钾复合盐、醛类消毒剂、醛类复方消毒剂、含氯消毒剂，作为消毒地毯，用于脚底消毒（图 3-34），每周更换 2 次。

图 3-34　消毒地垫

（3）洗手　使用过硫酸氢钾复合盐（1：400 倍稀释液）、10％月苄三甲氯铵溶液（1：500 倍稀释液）、10％聚维酮碘溶液（1：500 倍稀释液）洗手消毒（图 3-35），洗手应按照七步洗手法（内外夹弓大立腕）进行，七步洗手法可以有效清洁双手，减少疾病的接触传播。

图 3-35　洗手消毒

（4）衣物　对衣、帽、鞋等可能被污染的物品，可采取消毒液浸泡（图 3-36）、高压灭菌等方式消毒，消毒液浸泡消毒使用过硫酸氢钾复合盐。

2. 车辆消毒

车辆消毒可以参考猪场外部生物安全管理中 2.1.1 引进猪的运输管理及 2.5 外围洗消中心管理中的内容。或按照以下参考实施。

所有进入养殖场非生产区或生产区的车辆必须严格消毒，车辆的挡泥板、底盘、轮胎等必须洗净、喷透，驾驶室等必须严格消毒。对参与非洲猪瘟疫情处置的车辆进行消毒时，先用甲醛溶液或含有不低于 4% 有效氯的漂白粉澄清液喷洒消毒，浸泡 0.5 h 后冲洗干净。再按照程序进行清洗消毒。

图 3-36　衣物浸泡消毒

（1）车辆表面　具体程序如下。

喷洒消毒剂：使用低压或喷雾水枪对车体外表面、车厢内表面、底盘、车轮等部位喷洒稀释过的消毒液，以肉眼可见液滴流下为标准。

消毒剂浸泡：喷洒后，应按照消毒剂使用说明，保持消毒剂在喷洒部位静置一段时间，一般不少于 15 min。

冲洗消毒剂：用高压水枪对车体外表面、车厢内表面、底盘、车轮等部位进行全面冲洗。

消毒结果判定：车辆表面消毒需要 25～30 min，车辆表面无消毒剂残留视为合格。

（2）车辆内部　移除驾驶室内杂物并吸尘；移除脚垫等可拆卸物品，清洗、消毒并干燥；用清水、洗涤液对方向盘、仪表盘、踏板、挡杆、车窗摇柄、手扣部位等进行擦拭。对驾驶室进行熏蒸消毒或用过氧乙酸气溶胶喷雾消毒。还可用烟雾消毒机喷洒过硫酸氢钾复合盐消毒剂（1∶400 倍稀释液）或者戊二醛癸甲溴铵溶液（1∶500倍稀释液）消毒，消毒时间为 10～30 min。

3. 栏舍消毒

（1）空栏消毒　具体流程如下。

洗消前准备：准备高压冲洗机、清洁剂、消毒剂、抹布及钢丝球等设备和物品，猪只转出后立即进行栏舍的清洗、消毒。

物品消毒：对可移出栏舍的物品，移出后进行清洗、消毒。注意栏舍熏蒸消毒前，要将移出物品放置舍内并安装。

水线消毒：参照章节 3.3.3 中的水线消毒。

栏舍除杂：清除粪便、饲料等固体污物；热水打湿栏舍浸润 1 h，高压水枪冲洗，确保无粪渣、料块和可见污物。

栏舍清洁：低压喷洒清洁剂，确保覆盖所有区域，浸润 30 min，高压冲洗。必要时使用钢丝球或刷子擦洗，确保去除表面生物膜。

栏舍消毒：栏舍内泡沫浸润清洗消毒如图 3-37 和图 3-38 所示。清洁后，使用不同消毒剂间隔 12 h 以上分别进行 2 次消毒，确保覆盖所有区域并作用有效时间，风机干燥。

栏舍白化：必要时使用石灰浆白化消毒，避免遗漏角落、缝隙。

熏蒸和干燥：消毒干燥后，进行栏舍熏蒸。熏蒸时栏舍充分密封并作用有效时间，使用 20％戊二醛溶液，每立方米使用 1 mL 原液，1∶20 倍稀释后加热熏蒸，或用二氯异氰尿酸钠烟熏剂熏蒸消毒。熏蒸后空栏通风 36 h 以上。

（2）日常清洁　栏舍内粪便和垃圾每天清理，禁止长期堆积。发现蛛网随时清理。病死猪及时移出，放置和转运过程保持尸体完整，禁止剖检，密封装置，及时清洁、消毒病死猪所经道路及存放处。

4. 场区环境消毒

（1）脚踏消毒池　人员应穿上生产区的胶鞋或其他专用鞋，通过脚踏消毒池（消毒桶）进入生产区（图 3-39）。可使用过硫酸氢钾复合盐（体积比 1∶200 倍稀释液）、戊二醛癸甲溴铵溶液 1∶500 倍（体积比）稀释液、20％戊二醛溶液（体积比 1∶500 倍稀释液）、40％二氯异氰尿酸钠 1∶1 000 倍（体积比）稀释液，每周更换 2 次。

图 3-37 泡沫浸润消毒

图 3-38 泡沫清洗消毒环境

(2)场内道路、空地、运动场消毒　定期进行全场环境消毒。必要时提高消毒频率,使用消毒剂喷洒道路或石灰浆白化。猪只或运猪车经过的道路必须立即清洗、消毒。发现垃圾即刻清理,必要时进行清洗、消毒。每周用 40% 二氯异氰尿酸钠 1:1 000(体积比)倍稀释液对场区环境进行 1～2 次消毒。

5.场区设施消毒

(1)进猪台、进猪隔离舍、出猪台、病死猪处理设施消毒　在进猪前,对隔离舍要彻底清洗,经 3 次以上消毒后,方可使用。必要时可采集环境样品对当前流行的主要病原进行检测。

图 3-39 脚踏消毒垫

在进猪和转猪结束后立即对进猪台、出猪台进行清洗、消毒(图 3-40)。先清洗、消毒场内净区与灰区,后清洗、消毒场外脏区,方向由内向外,严禁人员交叉、污水逆流回净区。

在每次使用完病死猪处理设施后,要立即对其设施设备及周围环境进行清洗消毒,避免病原扩散。

洗消流程:先冲洗可见粪污,喷洒清洁剂覆盖 30 min,清水冲洗并干燥,后使用消毒剂消毒。可使用过硫酸氢钾复合

图 3-40 进猪台清洗消毒

盐(体积比1:200倍稀释液)、戊二醛癸甲溴铵溶液1:500倍(体积比)稀释液、20％戊二醛溶液(体积比1:500倍稀释液)、40％二氯异氰尿酸钠1:1000倍(体积比)稀释液。

(2)病死猪隔离区消毒　正在使用的异常猪隔离区,可以用过硫酸氢钾复合盐(体积比1:400倍稀释液)、10％月苄三甲氯铵溶液或10％苯扎溴铵溶液体积比1:(500～1000)倍稀释液,每天带猪喷雾消毒2次。注意:冬天气温较低时,消毒剂向上喷雾,且水雾要细。

6.工作服和工作靴消毒

猪场可采用"颜色管理",不同区域使用不同颜色/标识的工作服(图3-41)及工作靴,场区内移动遵循单向流动的原则。

净区工作服　　　　　灰区工作服　　　　　脏区工作服

图3-41　工作服颜色管理

(1)工作服消毒　人员离开生产区,将工作服放置指定收纳桶,及时消毒、清洗及烘干。

流程:先浸泡消毒作用有效时间,后清洗、烘干。

生产区工作服每天消毒、清洗。发病栏舍人员,使用该栏舍专用工作服和工作靴,本栏舍内消毒、清洗。

(2)工作靴消毒　进出生产单元均须清洗、消毒工作靴(图3-42)。

流程:先刷洗鞋底鞋面粪污,后在脚踏消毒盆浸泡消毒。消毒剂每天更换。

7.设备和工具消毒

(1)饮用水消毒　参考章节3.3.3.3中的饮水消毒。

(2)饲喂工具消毒　栏舍内非一次性设备和工具经消毒后可重复使用。设备和工具专舍专用,如需跨舍共用,必须

图3-42　工作靴消毒

经充分消毒后使用。根据物品材质选择火焰(图
3-43)、高压蒸汽、煮沸、消毒剂浸润、臭氧或熏蒸
等方式消毒。

饲喂工具使用后及时用水枪冲洗干净,然后
使用过硫酸氢钾复合盐(体积比 1∶200 倍稀释
液)、戊二醛癸甲溴铵溶液 1∶500 倍(体积比)稀
释液、20% 戊二醛溶液(体积比 1∶500 倍稀释液)
浸泡消毒。

图 3-43　工具火焰消毒

3.4.3　免疫管理

免疫是目前防控猪病的最为有效的手段之
一,也是猪场生物安全体系建设当中重要的环节
和工作。

3.4.3.1　免疫程序制定的原则

1.目标原则

免疫的目的是通过给健康动物接种疫苗(病毒、细菌、支原体等生物制剂),激
活动物的免疫系统产生抗体,使被接种的动物在以后遭受到同种病原感染时,免疫
系统能迅速有效地产生免疫反应,从而清除病原或减轻受病原攻击时疾病的严重
程度。免疫的目标是保护胎儿、哺乳仔猪、生长猪、种猪、未发病的同猪群,防止动
物疫病的发生及流行。因此,一切其他原则的制定,都为目标原则服务。

2.因地制宜原则

制定适合自己猪场的免疫程序。每个猪场所处的环境及疾病的流行状况等均
有差异,因此,免疫程序应当适时调整,而不是照搬照抄其他养殖场,以免造成非疫
源区疾病流行。

3.病毒优先原则

优先免疫病毒性传染病。病毒性传染病传播快、危害大、杀灭难,且无特效药
物进行控制和解救,一旦发生,只能隔离捕杀,因此免疫程序制定时优先考虑病毒
性传染病的免疫。

4.经济性原则

根据投入产出比,选择疫苗进行免疫。

5.季节性原则

有些疫病发生具有季节性。在特定季节来临之前,需提前免疫,如夏季是蚊虫
繁殖的季节,特定区域内可能存在流行性乙型脑炎(简称乙脑)病毒通过蚊虫叮咬
传染给猪只的风险,因此,应当在夏季来临前,接种猪乙脑疫苗,预防该病的发生。

6. 阶段性原则

根据猪场某种疾病感染压力情况适当调整猪场的免疫程序。若场内同时存在多种传染病流行,则首先免疫危害大、感染严重的传染病。

7. 避免干扰原则

避免其他因素干扰免疫质量,如母源抗体。特别是哺乳仔猪的免疫,出生1周龄内的仔猪体内含多种母源抗体,此时接种疫苗,不但不能起到应有的免疫效果,反而会中和抗体,使免疫保护力下降,增大感染的风险。

8. 安全性原则

选择安全性高的疫苗。免疫接种的疫苗有的是弱毒疫苗,有的是活疫苗。本质上讲,它们仍具有感染能力,因此,需要选择有正规生产批号,且安全性高的疫苗。必要时,可使用灭活疫苗等。

9. 免疫检测原则

定期监测免疫质量,猪场进行有针对性和合理性的采样,保证样品的代表性。选择有资质的实验室进行检测,将结果和现场相结合分析猪群的免疫情况。

3.4.3.2 疫苗的运输保存

疫苗要经过长途运输才能到达猪场,疫苗一般怕光/怕热,有些还怕冻结,因此运送和保存的条件要求比较严格,必须严格按照疫苗说明书的保存方法进行保存(表3-14)。

表3-14 部分疫苗保存条件

疫苗名称	保存条件
猪瘟活疫苗(细胞源)	−15 ℃以下
猪口蹄疫 O 型、A 型二价灭活疫苗	2～8 ℃
猪伪狂犬病耐热保护剂活疫苗	2～8 ℃
猪伪狂犬病活疫苗(HB-98 株)	−20 ℃以下
猪细小病毒病灭活疫苗(0WH-1 株)	2～8 ℃
高致病性猪繁殖与呼吸综合征活疫苗(JXA1-R 株)	−15 ℃以下
猪圆环病毒 2 型灭活疫苗(WH 株)	2～8 ℃

3.4.3.3 免疫记录

按《畜禽标识和养殖档案管理办法》的规定要求,对免疫动物进行标识和记录;免疫记录以表格的形式,包括以下内容:免疫日期、免疫群的舍别、栏

二维码 3-2　疫苗保存

位、头数、耳标号、剂量、免疫方式、疫苗名称、生产厂家、批号、有效期、免疫员、备注等内容。

3.4.3.4 免疫接种

1. 免疫前准备

（1）免疫器械　根据日龄、免疫接种方法选择合适的免疫器械和免疫辅助设施。

免疫器械包括注射器、针头、喷雾器、滴鼻器等。肌内注射的注射器、针头应洁净、无菌。可使用高压灭菌法、加热煮沸消毒法等对免疫器械消毒灭菌或使用一次性注射器。

（2）免疫猪群

①猪群的健康检查：在预防接种前，要全面了解和检查猪群的情况，如年龄、身体状况等，临床健康的猪群才可进行疫苗免疫。

②特殊猪群的处置：体质弱、有其他疾病、正在怀孕或怀孕后期的猪暂时不接种，等体质恢复正常后再接种；断乳或转群等应激条件下的猪1周内不进行疫苗接种；妊娠母猪在产前和产后1周内最好不进行疫苗注射；仔猪初次免疫时，应通过监测母源抗体的消长情况选择适宜的时机进行接种。

③疫情威胁下的猪群：如果猪群有疫情或猪场周边有疫情，需要紧急接种。紧急接种的顺序是先接种健康猪群，再接种受威胁猪群。

④新调入生猪的处置：新调入的猪，应在隔离观察结束后进行免疫，必要时可进行抗体检测，根据抗体的消长规律，进行接种。

仔猪个体接种时正提保定法：在正面用两手分别握住猪的两耳，向上提起猪头部，使猪的前肢悬空或抓住其前肢，使猪的两后肢站立。

大猪群体注射时保定方法：对健康猪群进行预防注射时，可用木板将猪拦在一角，由于猪互相挤在一起，不能动弹，即可逐头进行注射。注射完一头后马上用颜料溶液标记，确保应免尽免。

（3）疫苗准备

①选择和购买疫苗：选择有批准文号的疫苗，并通过正规途径进行购买。购买时认真核对疫苗瓶身标注的厂家名称、有效期、疫苗品种和规格。

②疫苗存放和领用：不同种类和剂型的疫苗应该按照要求分类存放，冻干疫苗需储存于-18 ℃冷冻保存，灭活疫苗在4～8 ℃冷藏保存。坚持先进先出原则，规范记录疫苗的出入库时间和数量，具体要求按照《兽用疫苗运输、保存及使用技术规范》。领用时要有符合保存条件的运输箱（图3-44）。

③外包装和成品检查：使用前应仔细检查疫苗外包装是否完好，标签和说明书内容是否完整。检查疫苗是否出现瓶盖松动、疫苗瓶裂损、失真空、破乳（油层超过1/3）、超过有效期、色泽与说明不符、瓶内有异物、气味异常、发霉、结块、不溶解等

图 3-44　疫苗领用箱

现象,严禁使用有此类现象的疫苗。

④疫苗回温:把疫苗从冰箱内取出后,将疫苗温度从 2~8 ℃升温至 20~25 ℃,再给猪群免疫,以减少猪的应激。可使用水浴回温、手握回温、自然回温等方法。

水浴回温法:将水浴锅温度设置为 35 ℃(也可在水盆中加温水),将从冰箱中取出的疫苗瓶放入水浴锅中,约 8 min 疫苗即可回温至 20 ℃。

手握回温法:疫苗从冰箱中取出后,用双手握住疫苗瓶使疫苗回温,约 10 min 疫苗即可回温至 20 ℃。

自然回温法:疫苗从冰箱中取出后,将疫苗放置在室温环境中,避免阳光直射,使疫苗回温。环境温度为 26 ℃时,回温到 20 ℃约需 41 min。环境温度为 37 ℃时,回温到 20 ℃约需 13 min。

⑤疫苗的稀释:用疫苗专用稀释液,没有专用稀释液的可用无消毒剂的纯净水稀释疫苗。疫苗的稀释比例严格按照说明书进行稀释。稀释的数量根据动物数量、免疫技术人员数量准确计算,保证现用现配。疫苗稀释后,必须在 4 h 内用完。

⑥考虑疫苗之间的相互影响:如果疫苗间在引起免疫反应时互不干扰或有相互促进作用可以同时接种;如果有相互抑制作用,则不能同时接种,否则会影响免疫效果。

(4)人员准备　操作人员应具备兽医专业知识,掌握动物疫病传播流行与预防、生物制品的相关知识,熟悉动物保定和疫苗使用技术,身体健康,无人畜共患病。

2.免疫操作技术

(1)注射免疫　对保育猪可以选择使用连续性注射器。对育肥猪、经产母猪、后备猪、种公猪可使用 10 mL 规格兽用不锈钢金属注射器,剂量定位准确,推注感强。也可选择 20 mL 规格兽用不锈钢金属注射器,多用于免疫 2 mL 剂量以上的疫苗,一次性吸入量大,便于操作。

注射器和针头应洁净,并用湿热方法高压灭菌或用洁净水加热煮沸消毒法消毒 15 min 以上。注射免疫时要做到"一猪一针头",避免从带毒(菌)猪把病原体通过针头传给健康的猪。灭菌后的注射器与针头如果长时间不用,在下次使用前应重新消毒灭菌。多数疫苗要求耳根后颈部肌内注射,猪体重越大,颈部脂肪层越厚,建议不同体重的猪选择使用不同大小的针头(表 3-15)。

表 3-15　不同阶段猪只对注射器针头的选择

不同生长阶段	猪只体重	针头号
仔猪	出生～10 kg	9 号,9×15
保育仔猪	10～30 kg	12 号,12×(15～25)
育肥猪	30～100 kg	14 号长,14×38;16 号长,16×38
种猪	100 kg 以上	16 号,16×(38～45)

(2)皮下注射法　在猪的颈部两侧、耳根后方等皮薄、被毛少、皮肤松弛、皮下血管少的部位,剪毛,用 75%酒精或 5%碘酒消毒,先将皮肤捏起,再将药液注射入皮下,即将药液注射到皮肤与肌肉之间的疏松组织中,多用于弱毒疫苗的接种。

(3)肌内注射法　在猪的耳后、颈部、臀部等肌肉丰富、血管少、远离神经的部位,一般选取双耳后贴时覆盖的区域。成年猪在耳后 5～8 cm,前肩 3 cm。剪毛,用 75%酒精或 5%碘酊消毒,垂直于体表皮肤进针直达肌肉,注入疫苗。

(4)滴鼻免疫

①滴鼻免疫器械:滴鼻免疫时应选择专用滴鼻器,可以使疫苗足够雾化而容易被黏膜快速吸收。

②滴鼻免疫方法:保定仔猪使其鼻孔朝上呈 45°角,滴鼻完成后滴鼻器应稍停 30～60 s,利于疫苗充分吸收。

(5)口服免疫

①口服免疫器械:口服免疫不需要特殊设备或器械,将疫(菌)苗混于饲料或饮水里经口服下,通过拌食、饮水对猪群进行免疫。

②拌食免疫方法:拌食免疫时,用于拌疫(菌)苗的饲料要新鲜,不宜用酸败或发酵饲料。仔猪分开饲喂,使其能均匀吃到含疫(菌)苗饲料。

③饮水免疫方法:饮水免疫时,先停水 4 h 左右,再饮水免疫接种;稀释疫(菌)

苗的水要纯净,尤其不能用含有消毒药物的水稀释疫(菌)苗。

(6)气雾免疫

①气雾免疫器械:利用喷雾器可对猪群进行气雾免疫。喷雾器主要有电动和气动 2 种,在实际中要根据猪只大小和具体情况选择合适型号的喷雾器。

②气雾免疫方法:通过喷雾器,用抛射机,控制喷射压力≤0.3 MPa,气溶胶输出量为 1～10 mL/min、气流温度≤50 ℃,空气相对湿度≥50%,将疫苗溶液制备成符合粒径分布 1～10 μm、雾粒浓度达 80% 以上、微生物学活性达到疫苗免疫要求的液相气溶胶,在气雾箱中以雾化方式对猪进行免疫。

3.免疫后废弃物处置

(1)免疫器械处置 需要重复使用的接种器械,经高压灭菌或煮沸消毒,并无菌保存。

(2)空疫苗瓶处置 空的疫苗瓶、废弃疫苗应集中收集,运到无害化处理场进行集中销毁。

(3)废弃物处置 对使用过的酒精棉球、一次性注射器,以及一次性防护用品,应按照符合生物安全要求进行无害化处理。

4.免疫后注意事项

(1)免疫副反应处理 免疫接种后 24 h 内,观察动物精神、食欲、行为状况等是否有异常。表现精神沉郁、食欲不振、注射部位肿胀等症状为一般副反应;表现呼吸加快、肌肉震颤、口吐白沫、倒地抽搐、妊娠母畜流产等症状为严重副反应。对于一般副反应,不需特殊治疗;对于严重副反应,应对症治疗,必要时可注射肾上腺素、地塞米松等抗过敏药物进行抢救。

(2)死亡猪只的处置 因免疫副反应造成猪只死亡的,对病死猪只按照《病死及病害动物无害化处理技术规范》中的相关要求进行处置。

(3)药物对疫苗的影响 猪群注射弱毒疫苗后 1 周内严禁使用任何抗菌药物和消毒制剂。在注射病毒性疫苗的前后 3 d 内禁止使用抗病毒药物;注射活菌疫苗前后 5 d 内禁止使用抗生素,抗生素对细菌性灭活疫苗没有影响。不同疫苗间也有干扰作用,一般疫苗注射后 7 d 内禁止再进行其他疫苗的注射。

3.4.4 检疫管理

3.4.4.1 采样管理

1.猪群采样

(1)唾液采集包采样 采集的唾液样本要求清亮、透明,不含有食物残渣,故采样之前的停食至关重要。原则上要求停食 12 h 以上,正常饮水。例如,晚上 8:00 吃完料开始计算停食时间,正常饮水,到第二天早上 8:00 即可用唾液采集包采集唾液样本。

将无菌唾液采集包的棉绳系于猪前方栏杆上,注意远离猪排便区。唾液采集包悬挂高度与猪头部同高即可。单只猪采样时,让单只猪自行咀嚼 3 min 左右即可取下唾液采集包;猪群采样时,任猪群咀嚼 30～60 min 后,取下唾液采集包,采集时注意观察,确保每只猪都咀嚼过唾液采集包。装于封口袋中,做好标记。加冰块低温保存,尽快送检。

样本如需长途运输送检,则采样前先在无菌 EP 管中加入 0.5～1 mL 样本保护剂,采样后立即在封口袋中将唾液采集包中的新鲜唾液挤出,取与样本保护剂等量的唾液加入 EP 管中,立即颠倒混匀,避免运输过程中核酸降解,做好标记。加冰块低温保存,尽快送检。含有保护液的唾液中的核酸可以采用浓集法检测,即离心唾液,试管底部取样。

(2)口鼻拭子采集 该方法采样方便,对猪损伤小。但如果鼻拭子不好操作或者猪应激比较大,可以只采集唾液样本。

将无菌长棉签插入猪鼻孔中,停留 5 s 左右,或将棉签插入鼻腔后往顺时针和逆时针方向分别转动 3 圈,当棉签充分浸润后拔出。将同一根棉签插入猪口腔中,任猪咀嚼 5 s 后拔出,装入管套中。做好标记。加冰块低温保存,尽快送检。

样本如需长途运输送检,则采样前先在无菌 EP 管中加入适量的样本保护剂,采样后立即将棉签头折断,放在含有样本保护剂的 EP 管中,样本保护剂的量以将整个棉签头浸泡其中为准,避免运输过程中核酸降解。做好标记,加冰块低温保存,尽快送检。含有保护液的唾液中的核酸可以采用浓集法检测,即离心唾液,试管底部取样。

(3)口腔棉拭子采样 采样人员手持无菌口腔棉拭子,伸至猪口腔让其咀嚼,直至海绵头吸到一定量的唾液样本,保存棉拭子于封口袋中。做好标记,加冰块低温保存,尽快送检。

样本如需长途运输送检,则采样前先在无菌 EP 管中加入适量的样本保护剂,采样后立即将棉签头折断,放在含有样本保护剂的 EP 管中,样本保护剂的量以将整个棉签头浸泡其中为准(或者采样后立即在封口袋中将口腔棉拭子中的新鲜唾液挤出,取与样本保护剂等量的唾液样本加入 EP 管中,立即颠倒混匀),避免运输过程中核酸降解。做好标记。加冰块低温保存,尽快送检。

(4)血液采样 血液是 PCR 检测、血清学检测和病毒分离的目标样品。对于有病毒血症、菌毒血症的疾病可采集猪全血用荧光定量 PCR 法检测其病原,如进行非洲猪瘟的病原学检测建议采集全血(图 3-45,图 3-46)。

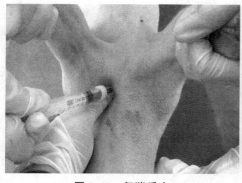

图 3-45　仔猪采血

图 3-46　母猪采血

①全血：使用含有抗凝血剂（乙二胺四乙酸，EDTA）的无菌管（真空采血管）从前腔静脉或耳静脉抽取全血 3～5 mL。如果动物已经死亡，可以从心脏中采血，但必须立即进行。做好标记，加冰块低温保存，尽快送检。

注意：避免使用肝素抗凝，因为其可以抑制 PCR 反应，造成假阴性。

②血清：使用未加抗凝剂的真空采血管或一次性采血器从前腔静脉或耳静脉采集，或剖检过程收集血液样本 3～5 mL。做好标记，并倾斜摆放，固定在采样箱中，加冰块低温保存，尽快送检，在送检过程中防止剧烈振荡。

返回实验室后，血液样本在室温放置 30～60 min，让其自发完全凝集；或6 000 r/min，离心 5～10 min，收集血清（图 3-47）。血清可立即进行抗体和病毒检测，超过 1 周检测的置于－20 ℃以下储存备用，需长期保存的最好置于－80 ℃的超低温冰箱。对于抗体检测，储存在－20 ℃即可；但是对于病毒检测，最好存于更低温度。

二维码 3-3　猪前腔静脉采血

图 3-47　分离血清

（5）组织样品采样　选择采样部位时遵循采集有病变的器官为原则,具体采样处在病变组织和健康组织交接处方可。一般来说首选目标组织是脾脏,其次是淋巴结、扁桃体、肾脏、肝脏等。做好标记(图 3-48)。将样本保存在 4 ℃ 条件下,尽快(48 h 内)低温运输到实验室。如果不能马上送到实验室,可将样本临时保存在 −20 ℃ 条件下。运输时注意加冰块低温运输。样本到达检测实验室后,−80 ℃保存。

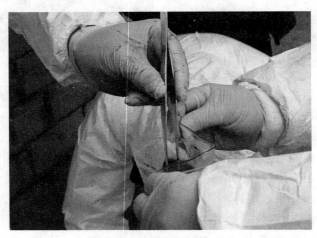

图 3-48　组织采样

2.人员采样

手、头发:拭子刮取采样。

衣服:未清洗或清洗不干净的衣服做环境拭子多点采样。

工作靴:底部环境拭子多点采样。

3.环境采样

（1）采样工具　采样管内添加 0.5～1 mL 无菌生理盐水备用。准备无菌棉签、无菌吸管等工具。

固体表面采样:将无菌棉签在环境表面擦拭,放入无菌生理盐水中洗脱备用。

环境液体采样:取无菌吸管,吸取液体样品 0.1～0.2 mL,滴入采样管混匀备用。

（2）环境采样点的选择　针对容易接触到猪场外部环境的地方,如猪场大门口、运猪台、人员进出通道等,需要经常性消毒,定期抽取环境样本进行荧光定量PCR 检测。

①猪场内环境

A.猪舍内

走(过道):猪舍入口处＋过道中不易清洗处＋凹凸不平处,环境拭子多点采样。

猪栏地面:栏内四角和中央位置共5个点(包括采样点的地板缝隙),环境拭子多点采样。

猪栏栏杆:栏杆底部不易清洗处,环境拭子多点采样。

料槽、水槽:环境拭子多点采样,包括底部凹处不易清洁点、饲料下料口处。

水嘴:多个环境拭子多点采样。

风机:多个出风口、风机环境拭子多点采样。

水帘:选取靠猪或赶猪通道较近的水帘环境拭子多点采样。

墙壁:选取靠猪或赶猪通道较近的,以及有破损处、清洗死角的环境拭子多点采样。

生产工具:取还没有丢掉的铁锹、扫把、赶猪挡板等做环境拭子多点采样。

走廊温控器:表面及内部人员可触碰的点做环境拭子多点采样。

粪沟:粪沟四角和中央共5个点做环境拭子多点采样。

B. 猪舍外

赶猪道/猪道:采集赶猪道地面及两侧壁不易清洁处,环境拭子多点采样。

赶猪道/人道:采集人走过道地面及两侧壁不易清洁处,环境拭子多点采样。

道路:选取场内净道脏道交叉处做环境拭子多点采样。

场内卡车/铲车:驾驶室脚踏板、上车脚踏板、轮胎、底盘、车厢四个角、车厢后挡板、铲斗正面及背面,环境拭子采样。

猪只处死点:周边地面、墙壁及设备做环境拭子多点采样。

场内掩埋点:掩埋点及周边多点采集少量没有沾到生石灰的土壤,加样品保护液,离心取上清液进行检测。

C. 出猪台

脏区、净区交界处:环境拭子多点采样。

脏区侧壁、地面:环境拭子多点采样。

净区侧壁、地面:环境拭子多点采样。

赶猪工具、挡板:环境拭子多点采样。

D. 药房、仓库

地面:环境拭子多点采样。

表面:环境拭子多点采样。

E. 饲料塔

下料口纱布:多个下料口处的纱布用10～20 mL生理盐水蘸取洗涤后,取

1 mL 加入样品保护液中;或用环境拭子在多个下料口纱布上进行样品采集。

饲料堆放点:环境拭子多点采样。

F. 水源

水源储藏处、水井、河水或其他水源处分别取 1 mL 样品到样品保护液中。

G. 冲凉房、猪舍/生产区/门卫

脏区:淋浴室入口地面、衣橱柜、换鞋处,环境拭子多点采样。

净区:淋浴室出口地面、衣橱柜、换鞋处,环境拭子多点采样。

灰区:地面环境拭子多点采样。

②猪场外环境

A. 大门口

在车辆入场处路面环境拭子多点采样。

B. 公路

在猪场门口车辆(特别是运猪车)频繁来往的路面上做环境拭子多点采样。

C. 消毒点

路面:净区、脏区以及交叉处做环境拭子多点采样。

洗消工具:高压水枪等做环境拭子多点采样。

D. 门卫

消毒脚垫:环境拭子多点采样。

换鞋处:环境拭子多点采样。

人员登记处:环境拭子多点采样。

物品消毒间:堆叠物品处、架子、地板环境拭子多点采样。

E. 停车场

采集与轮胎接触的地面,环境拭子多点采样。

F. 办公室

地面、桌面环境拭子多点采样。

4. 物料采样

物品:表面、内部,环境拭子多点采样。

饲料:表层、中间,环境拭子多点采样。

5. 样品的采集、运输与保存要求

可采集发病动物或同群动物的血清样品和病原学样品,病原学样品主要包括抗凝血、脾脏、扁桃体、淋巴结、肾脏和骨髓等。如环境中存在钝缘软蜱,也应一并采集。

样品的包装和运输应符合农业农村部《高致病性动物病原微生物菌(毒)种或

者样本运输包装规范》等规定。规范填写采样登记表,采集的样品应在冷藏密封状态下运输到相关实验室。

3.4.4.2 免疫效果监测

免疫监测是利用血清学原理,应用具体的检测方法检测机体免疫情况及抗体水平,从而有效地制定免疫接种计划,防止疾病的发生。下面简要地介绍口蹄疫、高致病性猪繁殖与呼吸综合征和猪瘟3种传染病的监测方法(表3-16)。

表3-16 口蹄疫、高致病性猪繁殖与呼吸综合征和猪瘟的检测方法

分类	动物疫病种类	检测方法
国家强制免疫的重大动物疫病	口蹄疫	液相阻断酶联免疫吸附试验(LPB-ELISA)、固相竞争酶联免疫吸附试验(SPC-ELISA)、阻断 ELISA
自主免疫动物疫病	高致病性猪繁殖与呼吸综合征	酶联免疫吸附试验(ELISA)
	猪瘟	猪瘟病毒中和试验、猪瘟病毒阻断 ELISA 抗体检测方法、猪瘟抗体间接 ELISA 检测方法、猪瘟病毒化学发光抗体检测方法

3.4.4.3 病原监测

为了掌握猪场重大动物疫病和主要垂直传播性疫病流行状况,跟踪监测病原变异特点与趋势,查找疫病传播风险因素,促进猪场主要疫病防控和净化,各养猪场应按照《国家动物疫病监测与流行病学调查计划(2021—2025年)》要求,积极主动开展常见疫病病原监测,主要监测的动物疫病见表3-17。

表3-17 主要监测的动物疫病

分类	动物疫病	检测方法
国家规定监测的动物疫病	非洲猪瘟	普通 PCR 法、荧光 PCR 法、荧光 RAA 方法、高敏荧光免疫分析法、夹心 ELISA 抗原检测方法
	口蹄疫	反转录-聚合酶链式反应(RT-PCR)、荧光定量 RT-PCR、病毒中和试验(VN)
	猪瘟	免疫荧光抗体试验(FAT)、免疫过氧化物酶试验(IPT)、猪瘟病毒分离与鉴定、猪瘟病毒 RT-nPCR 检测、猪瘟病毒实时荧光 RT-PCR 检测
	高致病性猪繁殖与呼吸综合征	病毒分离鉴定、间接荧光试验和反转录-聚合酶链式反应(RT-PCR)

续表 3-17

分类	动物疫病	检测方法
根据实际情况进行监测的动物疫病	炭疽	细菌分离与鉴定和环状沉淀试验
	猪链球菌 2 型	细菌分离与鉴定、聚合酶链式反应（PCR）、荧光 PCR
	附红细胞体病	染色镜检、聚合酶链式反应（PCR）
	伪狂犬病	病毒分离鉴定、聚合酶链式反应（PCR）、酶联免疫吸附试验（ELISA）、家兔感染试验
	猪圆环病毒病	荧光定量 PCR、间接免疫荧光试验（IFA）
	猪细小病毒病	荧光定量 PCR、胶体金试验
	流行性乙型脑炎	病毒 RT-PCR 检测方法、补体结合试验检测方法
	猪丹毒	细菌分离与鉴定、血清培养凝集试验
	大肠杆菌病	细菌分离与鉴定
	巴氏杆菌病	细菌分离与鉴定、荚膜多重 PCR 检测方法
	沙门氏菌病	细菌分离与鉴定、血清分型鉴定
	猪传染性胸膜肺炎	细菌分离与鉴定、PCR
	猪痢疾	细菌分离与鉴定
	弓形虫病	弓形虫分离与鉴定、酶联免疫吸附试验（ELISA）

3.4.4.4 疫病净化

　　动物疫病净化是指在特定区域或养殖单元内,对某种或某些重点动物疫病实施的有计划地逐步控制并消除的过程,以达到该区域或单元内个体不发病和无感染的状态。净化的疫病可以是一种也可以是几种,目前选择净化的目标疫病通常是传染性强、致死率高、造成重大经济损失的疫病以及人畜共患病。动物疫病的净化包括以 4 个基本过程:疫病普查(对感染群清群)、目标群监测(逐步建立无感染群)、持续监测(保持无感染群)、疫病的净化。而猪病净化是在某一限定的猪场内,根据特定病原的监测结果,及时发现并淘汰感染猪只,使种猪群中特定病原动物逐渐被清除的疫病控制方法。

　　对于需要实施疫病净化的养猪场,必须加强各类疫病的预防、监测和诊断,做好免疫防疫,一旦发现疫病,第一时间采取行动,及时清除病原,进行全面消毒,同时也要进一步做好传染源的无害化处理,做好生物检疫隔离、监测。采用集成性疫病净化技术,主要按照监测疫病携带体、生物监测和隔离、淘汰疫病源的顺序进行。在携带疫病病原体的猪群中分级隔离监测,淘汰携带疫病的猪只,实现疫病净化;针对未携带疫病病原体的猪群可以采取更加高效的生物安全监测系统,及时监测猪群疫病感染状态,根据科学化疫病净化技术指导手册进行具体的猪场疫病净化。

3.4.5　驱虫管理

猪寄生虫病通常是由多种寄生虫感染引起的一种慢性消耗性疾病。虽然该种疾病发病过程缓慢,造成的死亡率较低,但是会严重影响猪群的正常生长发育,使饲料利用率下降,养殖成本增加。猪寄生虫病的传播流行,还会导致动物诱发其他传染性疾病,严重时可造成动物死亡。如何做好规模化养殖场寄生虫病防控工作,是规模养殖场户需要重点解决的问题之一。

猪寄生虫病分为体内寄生虫和体外寄生虫 2 种,猪容易感染的寄生虫病约有65 种,常见的体外寄生虫有猪疥螨、猪虱等,常见的体内寄生虫有猪蛔虫、猪鞭虫、猪球虫、猪弓形虫等。

3.4.5.1　寄生虫病的危害

1.养殖成本增加

猪一旦感染寄生虫,在体内繁殖生长过程中会与猪争夺营养物质,使猪对各种营养物质的消化吸收能力变差,以导致生长发育缓慢,使猪的养殖周期变长,出栏率下降,养殖成本显著提高。

2.生产性能降低

部分寄生虫影响种猪的繁殖性能,如母猪感染猪弓形虫后,常会表现为流产,死胎;公猪的繁殖功能严重下降。此外仔猪感染寄生虫后,部分变成"僵猪",大大降低生产性能。

3.继发感染其他疾病

寄生虫感染后,可导致猪只食欲不振、消瘦、贫血、内部器官机械性损伤等,使猪只抵抗力下降,从而极易继发感染其他多种病毒性、细菌性疾病,表现出严重的临床症状,并造成死亡率升高。如猪群感染蛔虫后,可引起肠炎、肠穿孔等,使肠道中的有害菌群大量繁殖,造成猪腹泻等疾病的发生。某些体表寄生虫病感染后,会导致体表皮肤受损,很容易继发感染葡萄球菌、坏死杆菌等。

4.导致人畜共患病的发生

很多寄生虫除危害猪外,还可以感染多种动物和人,给人类身体健康带来严重影响。如在藏区、牧区广为流行的棘球蚴(包虫),在长江中下游地区流行的血吸虫,以及在全国范围内均有流行的弓形虫、结肠小袋纤毛虫、旋毛虫等均可感染人,这些人畜共患寄生虫病在猪群中传播的同时,大大增加了人感染寄生虫病的风险。

3.4.5.2　规模化猪场寄生虫病的特点

1.感染种类发生变化

传统的养殖模式中,寄生虫中间宿主的种类和数量较多,猪群接触到中间宿主的机会也多,导致一些需要中间宿主的寄生虫(如猪后圆线虫、姜片吸虫、猪棘头虫等)的发病率较高。在现代规模化养殖模式下,中间宿主被控制,猪群很少能接触到中间宿主,不需要中间宿主的寄生虫病(如猪蛔虫、鞭虫、球虫、疥螨等)普遍增多。

2. 临床症状不明显

寄生虫病的发生过程存在渐进性、隐蔽性和营养消耗性过程,只有在严重感染时才表现临床症状和死亡率。如果在平时的饲养管理过程中,对寄生虫病的重视程度不够,往往造成巨大的经济损失。

3. 发生无明显季节性

传统的养殖模式中,寄生虫病往往呈现春、秋两季多发的特点。在现代规模化养殖模式下,猪群的密度大,猪舍温度相对稳定,有利于寄生虫的繁殖和传播,寄生虫病不再具有季节性的特点。所以,寄生虫病的防控措施不能只在春、秋两季进行,应该根据猪群的感染情况以及感染率来制定驱虫计划。

4. 混合感染、重复感染、交叉感染现象明显

由于猪场温度常年保持在 $15\sim25$ ℃,温度适合寄生虫虫卵的发育,寄生虫繁殖传播迅速,加上猪群密度大,易造成全猪群的感染。当猪群免疫力较差时,寄生虫会交叉感染和重复感染。如果继发或并发某种传染病时,常造成猪只的死亡。

3.4.5.3 驱虫药物的选择

目前常用驱虫药的种类主要有伊维菌素、阿维菌素、阿苯达唑、芬苯达唑以及磺胺类等(表 3-18)。伊维菌素、阿维菌素为广谱抗寄生虫药,对线虫和猪疥螨等体外寄生虫有预防和治疗作用,但对绦虫和吸虫无效。阿苯达唑、芬苯达唑为广谱、高效、低毒的抗寄生虫药,还具有一定的杀灭幼虫和虫卵的作用,对各种线虫及其移行期的幼虫、吸虫、绦虫均有驱除作用。

表 3-18　常用驱虫药及用法

药名	作用及用途	用法用量	注意事项
阿苯达唑 芬苯达唑	对各种线虫、吸虫和绦虫均有驱除效果,甚至还有一定的杀灭幼虫和虫卵的作用,但对猪疥螨和原虫无效	内服剂量:5~10 mg/kg 体重	该药有致畸的可能性,猪妊娠 30 d 内禁用
伊维菌素 阿维菌素 多拉菌素	对猪体内、外寄生虫均具有很高的驱杀作用,但对绦虫、吸虫及原虫无效	皮下注射:0.3 mg/kg 体重;内服:300 μg/kg 体重;混饲浓度:2~3 mg/kg 体重,可连续用药 1 周	对虾、鱼及水生生物有剧毒,残存药物的包装切勿污染水源

续表 3-18

药名	作用及用途	用法用量	注意事项
敌百虫	对消化道线虫,某些吸虫(如姜片吸虫、血吸虫)以及外寄生虫(如虱、蚤等)有效	猪 80～100 mg/kg 体重,1 次最高剂量为 5 g	敌百虫的毒性较大,安全使用范围窄,妊娠猪和患胃肠炎病的猪禁用,不能与碱性药物配合使用,否则会增加其毒性
左旋咪唑	对猪蛔虫、食道口线虫有良好的驱除效果,但对毛首线虫效果不稳定,对猪疥螨和原虫无效	混料内服:8～10 mg/kg 体重;皮下注射:5 mg/kg 体重	患肝病猪禁用
百球清	高效、低毒的抗球虫药	内服:20～30 mg/kg 体重	较易产生耐药性,连用不宜超过 6 个月

3.4.5.4 驱虫程序

常用驱虫程序见表 3-19。

表 3-19 常用驱虫程序

驱虫模式	程序	优/缺点
全场驱虫模式	春季(3—4 月)和秋季(9—10 月)全场所有猪只进行全面用药驱虫	优点:方便、快捷 缺点:由于 2 次驱虫间隔时间太长,常见的寄生虫都有足够的时间发育成熟、排出虫卵、污染环境,造成重复感染,导致寄生虫感染率仍然很高
"4+1"模式	种猪一个季度驱虫 1 次,每年驱虫 4 次;育肥猪在保育结束时进行一次性驱虫,饲料中连续加药 7 d。驱虫药选用伊维菌素或阿苯达唑	优点:驱虫成本低,效益好,完全、彻底,驱虫时间集中,可操作性强
阶段性驱虫模式	妊娠母猪产前 15 d 左右驱虫 1 次,保育阶段驱虫 1 次,后备种猪转入种猪舍前 15 d 左右驱虫 1 次,种公猪 1 年驱虫 2～3 次	优点:能较好地控制集约化猪场中肉猪阶段的寄生虫感染 缺点:种猪仍在一定程度上存在寄生虫感染且用药时间分散

续表 3-19

驱虫模式	程序	优/缺点
"三阶段"驱虫模式	第一阶段,仔猪阶段(45 日龄前后),用阿维菌素或伊维菌素粉剂拌料服用 第二阶段,架子猪阶段(从 90 日龄起),用伊维菌素注射液皮下注射驱虫 第三阶段,育肥中期(135 日龄左右),用药物和方法同第二阶段	优点:使用简单方便,效果明显

(1)某公司驱虫案例

种母猪、公猪:每年 3 月中旬、9 月中旬,芬苯哒唑粉 2 kg 拌料 1 t,连喂 7 d;春秋季节,溴氰菊酯溶液按照 1∶800 的体积比稀释,用消毒枪均匀喷洒猪体(母猪喷 2 kg 稀释液,公猪猪喷 2.5 kg 稀释液)和环境,若有外寄生虫感染压力,间隔 1 周再喷雾 1 次;夏季可每间隔 1 周增加喷雾次数。

仔猪:20 kg 体重时,芬苯哒唑粉 400 g 拌料 1 t,连喂 7 d;若感染严重,4 月龄时,480 g 拌料 1 t,连喂 7 d;3 月中旬至 9 月中旬,与溴氰菊酯溶液联合使用,方法同种母猪、公猪。

后备母猪:芬苯哒唑粉 720 g 拌料 1 t,连喂 7 d;3 月中旬至 9 月中旬,与溴氰菊酯溶液联合使用,方法同种母猪、公猪。

(2)某猪场驱虫案例

全群 4 个月驱虫 1 次(4 月、8 月、12 月),莫昔克丁浇泼溶液 20 mL/头,由猪背部从前到后均匀喷洒,体积比 1∶400 的 40%辛硫磷浇泼溶液对猪舍环境进行喷洒。

(3)某猪场驱虫案例

怀孕母猪:莫昔克丁浇泼溶液 20 mL/头,每年驱虫 3 次,或多拉菌素,每年驱虫 2 次,连续使用 7 d。选择在配种前驱虫,或怀孕后 40 d,或临产前 1 个月。

保育猪:莫昔克丁浇泼溶液 20 mL/头,50～60 日龄驱虫,连续使用 7 d,驱虫后饲喂小苏打(碳酸氢钠的俗称)7～10 d。

育肥猪:莫昔克丁浇泼溶液 20 mL/头,30 kg 体重、60～80 kg 体重各驱虫 1次,连续使用 7 d,驱虫后饲喂小苏打 7～10 d。

公猪:每年驱虫 3 次,莫昔克丁浇泼溶液 20 mL/头,或多拉菌素,连续使用 7 d。

外购猪:到场 15 d 左右驱虫,莫昔克丁浇泼溶液 20 mL/头,连续使用 7 d。

环境驱虫:20%氰戊菊酯环境喷雾,连续使用 5 d,停 5 d,再用 5 d。

3.4.5.5　使用驱虫药的注意事项

1.综合考虑选择药物

驱虫时,必须注意药物的选择,既要考虑畜禽种类、年龄、感染寄生虫的种属、寄生的部位等情况,又应当选择疗效高、毒性低、价格经济实惠、使用方便的广谱驱虫药。

2.主要药物毒性及休药期规定

许多驱虫药都具有毒性,对妊娠母猪、仔猪在使用驱虫药时要选择安全性较高的驱虫药,尽量不用左旋咪唑等产品,以防止中毒。注意休药期,屠宰前3周内不得使用药物。在驱虫药的使用过程中,一定要注意正确合理用药,避免耐药性的产生。

3.合理确定驱虫时间

驱虫的时间要依据当地寄生虫病的流行季节来制定,一般要赶在"虫体成熟前驱虫",防止成熟的成虫排出虫卵或幼虫对外界环境的饲料、水源等造成污染。也可以采取"秋冬季驱虫",此时由于外界寒冷,不利于大多数虫卵或幼虫的存活、发育,可以减轻对环境的污染。

4.彻底杀灭虫卵及幼虫

驱虫后,应及时清理动物粪便,进行生物热堆积发酵或深埋,便于更好地杀死虫卵和幼虫。地面、墙壁、饲料槽等应使用5%的石灰水消毒,防止排出的虫体和虫卵再次感染猪群。用拟除虫菊酯类、有机磷类药物对环境进行喷洒,以杀灭环境中的寄生虫虫卵或幼虫。

5.体表驱虫要先去除污物

驱外寄生虫时,应先冲洗干净猪只,待猪只体表皮肤干燥后才能进行喷雾驱虫。喷雾要均匀、全面,使猪体表皮肤(特别是下腹部、腋下部等较隐蔽的部分)均能接触到药物。体表喷雾驱虫后,应隔12 h再进行猪群体表消毒工作。

3.4.5.6　寄生虫病的防治措施

影响寄生虫病流行的因素主要有生物因素、自然因素和社会因素。猪场应通过生物安全体系的建立来减少寄生虫病发生的机会。

(1)做好猪场的封闭管理,严禁饲养猫、犬等宠物,每月做好灭鼠、灭蝇、灭蟑、灭虫等工作,严防外源寄生虫的传入。

(2)定期进行寄生虫(线虫、吸虫、绦虫、原虫、外寄生虫等)的监测。开展粪便寄生虫检查,可以监测不同季节和时期猪群寄生虫感染的情况,根据寄生虫流行病学,及时制定和调整适合本场的寄生虫驱虫方案,及早做好防治工作。

(3)按照猪场消毒措施做好消毒工作,猪群转栏以及母猪产前要做好全身性的清洗消毒,以减少、切断寄生虫的感染机会。粪便、污染物等应堆积发酵或进行无害化处理。

（4）做好猪群各阶段的饲养管理工作，保持猪群合理、均衡的营养水平，保证充足的维生素，提高猪群机体的抵抗力。

（5）驱虫时应该制定科学的用药程序，"穿梭"用药、轮换用药，避免长时间使用单一的药物。

（6）驱虫时必须按照说明书的剂量使用，切忌过量使用驱虫药，因为过量使用极易引起猪只出现中毒现象。

3.4.6 防鸟防害管理

老鼠、蚊子、苍蝇、节肢动物（虱子、蚤、螨、蜱）等有害生物携带多种病原体，可以传播多种疾病，如猪口蹄疫、猪流行性乙型脑炎、猪链球菌病、猪附红细胞体病、猪弓形虫病等。经常开展杀虫、灭鼠、防鸟等工作，对猪场生物安全防控至关重要。

3.4.6.1 防鸟管理

1.鸟类的危害

（1）传播疾病　鸟类迁徙过程中容易携带非洲猪瘟、猪弓形虫等病原，对猪场生物安全造成严重的威胁，影响猪群健康。

（2）浪费饲料　大量的鸟类涌入猪场采食饲料，造成大量的饲料浪费，经济损失严重。

2.防鸟措施

（1）在生产区的开放部位，要安装防鸟网（图3-49），或安装防蚊蝇网，如猪舍门窗、转移猪只的通道等。单独的防鸟网是一种网状织物，材料最好能够具有拉力强度大、抗热、耐水、耐腐蚀、耐老化、无毒无味、废弃物易处理等特点。

（2）如有散落在外的饲料，要及时清理干净，避免吸引鸟类前来捕食。

（3）可以播放一种类似哨子的声音

图3-49　防鸟网

或者播放驱鸟音乐，来驱逐鸟类，减少鸟类对疾病的传播。定期修剪树木，树木与仓库和门保持1 m以上距离。

（4）目前有些养殖场安装了智能驱鸟器（图3-50），其可以发出超声波刺激鸟类的神经系统，干扰鸟类的生存环境，从而使鸟远离超声波覆盖的范围。

3.4.6.2　防鼠

1.老鼠对猪场的危害

（1）传播疾病　老鼠是许多自然疫源性疾病的储存宿主，能传播猪伪狂犬病、猪口蹄疫、猪瘟、猪流行性腹泻、炭疽、猪肺疫、猪丹毒、结核病、布鲁氏菌病、李氏杆菌病、沙门氏菌病、钩端螺旋体病及立克次体病等多种动物疫病及人畜共患病，对动物和人类的健康造成严重的威胁。

图 3-50　智能驱鸟器

（2）浪费饲料　猪场由于存放大量的饲料或饲料原料，容易引起老鼠泛滥，造成大量的饲料浪费及污染，经济损失严重。据统计，我国鼠的数量超过 30 亿只，每年吃掉的粮食约为 250 万 t，年经济损失达 100 多亿元人民币。

（3）破坏猪场设施设备　老鼠属于啮齿类动物，喜欢啃咬猪场设施设备，造成水管、电线、麻袋等损坏，影响猪场生产，同时会产生大量的维修费用。

2.灭鼠方法

（1）基建防鼠　老鼠具有打洞的习性，养殖场建设之初就应考虑到防鼠问题，加装防鼠网（图 3-51），做到未雨绸缪。

主要的防鼠措施：场内所有建筑物的墙壁都要两面粉刷、清光，使老鼠不能攀爬；场内应硬化的地面要全部硬化，尽量减少老鼠可以打洞的区域；所有的堡坎、基脚和墙体都要用水泥砂浆勾缝，并填塞所有的孔洞和缝隙，尽可能全部粉刷、清光，不给老鼠留下任何可以栖身的孔洞；地面的排水沟和排污沟全部以水泥砂浆粉刷成三面光，排水、排污的阴沟使用坚固耐用的水泥涵管铺设，下水口处设置老鼠钻不过去的铁制或混凝土预制的地漏，

图 3-51　水帘加装防鼠网

使老鼠既不能在沟内打洞造窝，又不能通过阴沟从外面爬进来；场内所有的门、窗也都要合缝；饲料库房要安装铁门或在木门上加钉铁皮，使老鼠不能咬洞钻入。

（2）设备防鼠　在老鼠经常出没的路段设置老鼠夹、粘鼠板、捕鼠器等捕鼠器材。

（3）建立防鼠隔离带　防鼠带是目前规模猪场防鼠的有效措施之一。在猪舍四周地面用直径小于 19 mm 的小滑石或碎石子铺设成宽度为 25～30 cm、厚度为 15～20 cm 的防鼠带（图 3-52），可以保护墙脚裸露的土壤不被鼠类打洞营巢，同时也便于检查鼠情、放置毒饵和捕鼠器等。

图 3-52　猪场外围防鼠带

（3）管理防鼠

①加强对饲料的管理：库房内的饲料及饲料原料要分类堆放，袋装料应离墙 0.5～1.0 m 整齐堆码，不给老鼠留藏身之所。每天饲槽内所剩的饲料要及时清理，做好清洁卫生。

②加强食堂、宿舍等生活区的清洁卫生：食堂、办公室、宿舍以及各类库房要保持清洁、卫生、整齐，不给老鼠提供食物来源和藏身之所。常年保持养殖场内外清洁卫生，及时清除各种垃圾和杂草，定期净化养殖场环境。一旦发现鼠洞，立即予以堵塞，减少或消除老鼠的栖息地和藏身处。

（4）药物灭鼠　鼠害严重的养殖场，可以定期或不定期投放一些对人和猪无毒副作用，对环境无污染、廉价、使用方便的灭鼠毒饵进行药物灭鼠（图 3-53）。在投药的次日，要组织人员及时清除死鼠和残余毒饵，防止猪只误食后发生二次中毒。若多次投药，应更换鼠药及鼠饵的原料，以防老鼠产生耐药性或敏感拒食而影响投药效果。用于灭鼠的药物要定期更换，长期使用单一的灭鼠药物易产生耐药性，结果造成灭鼠失败。

图 3-53　毒饵站

卫公灭鼠剂：每支 10 mL，将药物溶于 100 mL 热水（40 ℃）中，充分混匀，再加入 500 g 新鲜玉米粉反复搅拌，至药液吸干后即可使用，放至鼠类出入处，洞口附近及墙角处，让其采食。

敌鼠钠盐：取敌鼠钠盐 5 g，加沸水 2 L 搅匀，再加 10 kg 杂粮粉，浸泡至毒水全部吸收后，加适量的植物油拌匀，晾干后备用。

杀鼠灵：取 2.5% 药物母粉 1 份、植物油 2 份、面粉 97 份，加适量水制成每粒 1 g 的面丸，投放毒饵灭鼠。

3.4.6.3 防害虫

1.有害昆虫的危害

蚊、蝇、蜱、虻、蠓、螨、虱、蚤等吸血昆虫都是许多动物传染病及人畜共患病的传播媒介,可携带细菌100多种、病毒20多种、寄生虫30多种,能传播传染病和寄生虫病20多种,常见的有猪伪狂犬病、猪瘟、猪繁殖与呼吸综合征、口蹄疫、猪传染性胃肠炎、猪流行性腹泻、猪丹毒、猪肺疫、链球菌病、结核病、布鲁氏菌病、大肠杆菌病、沙门氏菌病、魏氏梭菌病、猪痢疾、钩端螺旋体病、附红细胞体病、猪蛔虫病、囊虫病、猪球虫病及疥螨等疫病。这些疾病不仅会严重危害动物与人类的健康,而且影响猪只生长与增重,降低其非特异性免疫力与抗病力。因此,选用高效、安全、使用方便、经济和环境污染小的杀虫药杀灭吸血昆虫,对养猪生产及保障公共环境卫生安全均具有重要的意义。

2.防蚊蝇设施

(1)加强对环境的消毒 养猪场要加强对猪场内外环境的消毒,以彻底地杀灭各种吸血昆虫。猪场内正常生产时每周消毒至少1次,发生疫情时每天消毒1次,直至解除封锁。猪舍外环境每月清扫消毒1次,发生疫情时每周至少消毒1次。人员、通道、进出门随时消毒。

(2)控制好昆虫滋生的场所 猪舍每天要彻底清扫干净,及时除去粪尿、垃圾、饲料残屑及污物等,保持猪舍清洁卫生,地面干燥、通风良好,冬暖夏凉。猪舍外环境要彻底铲除杂草,填平积水坑洼,保持排水与排污系统的畅通。严格管理好粪污,无害化处理,使有害昆虫失去繁衍滋生的场所,以达到消灭吸血昆虫的目的。

(3)使用药物杀灭昆虫

加强甲基吡啶磷:250 g药物加水2.5 L混合均匀后用于喷洒猪舍、地面、墙壁、门窗、栏圈及排粪污沟等,每周1次,对人体和猪只无毒副作用,可杀灭蚊、蝇、蜱、蠓、虱、蚤等吸血昆虫。

三氯杀虫酯:10 g药物溶于500 mL水中喷洒猪舍、地面、墙壁、门窗、栏圈及排粪污沟等,对人体和猪只无毒副作用,可杀灭蚊、蝇、蜱、蠓、虱、蚤等吸血昆虫。

蝇毒磷:白色晶状粉末,含量为20%,常用浓度为0.05%,用于喷洒,对蚊、蝇、蜱、螨、虱、蚤等有良好的杀灭作用。

(4)电器设备灭虫 猪场也可使用电子灭蚊灯、捕捉拍打及黏附等方法杀灭吸血昆虫,既经济又实用。

3.某公司驱蚊蝇方案

(1)驱幼虫 灭虫时间,北方在3月中旬至9月底进行(3—5月间1周2次,6—8月间1周3~4次,9月1周2次),南方在3月初至10月底进行(3—5月间1周2~3次,6—8月间1周3~4次,10月1周2~3次)。灭幼虫的区域主要是堆粪场(池),干湿分离处。

常用的方法是用长效药品吡虫啉＋氟氯氰菊酯按体积比 1∶(1 000～2 000)倍稀释,每平方米 0.15 mL,用高压枪喷洒,达到快速覆盖幼虫滋生区域的目的。喷洒药物时以栏柱滴落水滴、泥土浸润湿透为准。

(2)驱成虫 猪舍等重点区域用吡虫啉＋氟氯氰菊酯按体积比 1∶(1 000～2 000)倍稀释后喷洒,0.5％吡虫啉按 2～5 g/点,间隔 3～5 m 撒施或用水调成糊状涂抹。

3.5 猪场内部实务管理

外部物资准入主要是防止病原微生物通过载体传入场内和防止场内疫病向外传播,内部实务管理主要是控制场内病原微生物媒介在猪群间的循环,其主要内容包括且不限于猪舍布局、生产模式、洗消中心管理、引种控制、主要病原载体(猪、车辆、饲料、物资、精液、人、食品、动物、空气等)进出途径以及内部生产周转等。

3.5.1 内部人员流动管理

内部人员的流动给场内生物安全防控带来一定的不可控因素。进猪舍前的人员洗消室位于猪场生产区里面、猪舍的入口处。已进入生产区的工作人员,在进入自己专管的猪舍前,应该彻底洗手、换工作服、换工作靴、鞋底消毒。在猪场生产区内的工作人员最好不串舍,人员定舍定岗,工具专舍专用。进猪舍前人员洗消管理如图 3-54 所示。

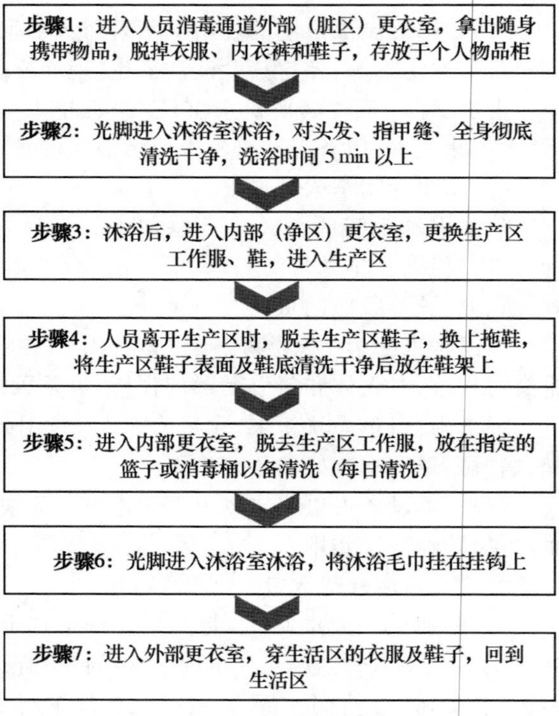

进猪舍前人员洗消室的设计与布局有以下几点要求。

(1)分区明显,不同区域之间有相应的起物理隔离作用的隔离凳。

(2)人员单向流动,只有通过洗手区(灰区)才能进入换衣鞋区(净区),人员全程不能逆方向行走。

(3)每个区域的地面均设有地漏,以便分区域进行环境洗消。

(4)要考虑整个人员洗消室

步骤1:进入人员消毒通道外部(脏区)更衣室,拿出随身携带物品,脱掉衣服、内衣裤和鞋子,存放于个人物品柜

步骤2:光脚进入沐浴室沐浴,对头发、指甲缝、全身彻底清洗干净,洗浴时间 5 min 以上

步骤3:沐浴后,进入内部(净区)更衣室,更换生产区工作服、鞋,进入生产区

步骤4:人员离开生产区时,脱去生产区鞋子,换上拖鞋,将生产区鞋子表面及鞋底清洗干净后放在鞋架上

步骤5:进入内部更衣室,脱去生产区工作服,放在指定的篮子或消毒桶以备清洗(每日清洗)

步骤6:光脚进入沐浴室沐浴,将沐浴毛巾挂在挂钩上

步骤7:进入外部更衣室,穿生活区的衣服及鞋子,回到生活区

图 3-54　进猪舍前人员洗消管理

的舒适性与人性化,提供适宜的室温和水温、干净的环境、优质的洗手用品(洗手液、擦手纸、护手霜)、便捷的设施(废纸篓)等。

(5)安装监控,监督洗消流程。内部人员流动消毒如图 3-55 所示。

图 3-55　内部人员流动消毒

3.5.2　内部物料流动管理

进入生产区的饭菜必须是由本场内部生活区厨房提供的熟食,生的食材或外带食品禁止进入生产区。进入生产区的饭菜只能通过食物传递窗进入,用餐后的餐余和餐具也经食物传递窗消毒后传送至内部生活区处置,可参考章节 2.3.5 食材。生产区熟食流动管理如图 3-56 所示。

生产工具、易耗品、防护品以猪舍或者生产区为单位储存及使用,严禁在不同猪舍之间交叉使用。生产工具每天使用后,及时清洗消毒,放在本猪舍指定的地点,晾干备用。易耗品和废弃物置于本猪舍专用的垃圾桶内。生产区工人日常使用的防护服、手套、工作靴、护目镜、毛巾等防护品,每天使用后都要进行更换,及时清洗消毒,晾干后放到指定位置备用。生产区使用的精液保温箱、疫苗保温箱等防护品,每次使用后要及时进行清洗消毒,晾干后放到指定位置备用。

步骤1: 场内生活区厨房加工或加热熟食

步骤2: 厨师将熟食置于生产区传递窗内,并关紧传递窗外部门扣

步骤3: 生产区工作人员打开内部传递窗取出熟食用餐

步骤4: 餐后餐余及餐具经传递窗消毒后传至生活区处置

图 3-56　生产区熟食流动管理

疫苗、药品、医疗器械从生产区物资储藏室按猪舍领出后,只能本猪舍使用,严禁交叉使用。医疗器械,如针头、注射器、输液管等,要求每头猪使用一套,杜绝在不同猪之间交叉使用医疗器械。如非一次性医疗器械,在使用前按照相关产品的消毒要求进行消毒;建议猪场使用一次性医疗器械,使用前要检查一次性医疗器械的包装是否完好无损。使用后的废弃疫苗瓶、药品包装、一次性医疗器械,要放入指定的医疗废物垃圾桶中,集中处理;使用后的非一次性医疗器械,要及时进行彻底清洗和消毒,烘干后放到指定地点备用。

场内物资流动管理和物资流动过程分别如图 3-57 和图 3-58 所示。

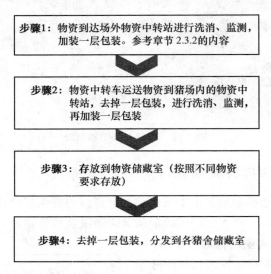

图 3-57　场内物资流动管理

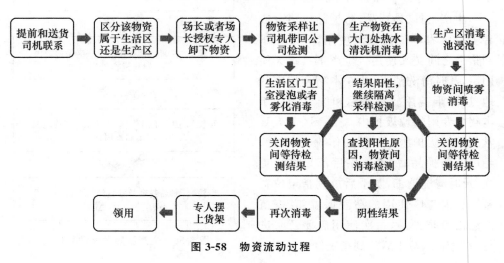

图 3-58　物资流动过程

不能做到每栋猪舍独有的可移动仪器设备,例如,背膘仪等电子产品,在一栋猪舍使用完毕,进入下一栋猪舍使用之前,一定要进行彻底的消毒,最好能在消毒后放置 24 h 以上,再转入下一个猪舍使用。电子产品臭氧熏蒸 30 min 后,用 75% 酒精擦拭;其他设备喷雾消毒 30 min 后使用。

3.5.3 内部车辆的管理

3.5.3.1 单向流动

车辆遵循从净区到脏区的单向流动原则。在车辆生物安全管理体系中,凡是本猪场的人员、车辆和猪只等,均属于净区范围;客户的猪场、人员、车辆、猪只以及屠宰场区域等,均属于脏区范围。车辆只能从净区向脏区单向流动,不可逆行;如果车辆想从脏区向净区流动,则必须先采取相应的生物安全处理措施,如车辆的清洗、消毒、干燥、隔离、检测等,才能进入净区。

3.5.3.2 属地管理

车辆在停放、使用以及消毒处理过程中,必须遵守不同体系或区域的车辆生物安全管理原则,即属地管理原则。例如,车辆到达不同客户猪场区域,必须按照不同客户猪场的车辆生物安全管理要求进行停放和消毒处理。

3.5.3.3 车辆程序管理

车辆在用于运输猪只、饲料、人员、物资等不同用途的过程中,停放在不同的区域,必须遵守该区域的车辆处理与管理程序。

3.5.3.4 禁止性原则

禁止猪场不同区域的车辆跨区域使用;禁止猪场外的车辆及驾驶员进入猪场内;禁止猪场使用木质材料的车辆,以便洗消;禁止猪场使用未经彻底清消和干燥的车辆;禁止同车运输不同猪场来源的猪只;禁止猪场的运输车辆在集贸市场、活畜禽市场、屠宰场、病死猪处理场停留或停靠。

3.5.4 门卫管理

门卫是把守所有人员与物资进出猪场的唯一关卡,必须严格执行猪场规定的生物安全管理制度,履行以下工作职责。

(1)全天候值守猪场大门,无人员与车辆进出时,保证猪场大门处于关闭状态。

(2)负责所有进出猪场的车辆、人员、物资的生物安全措施的落实与监督执行。

(3)负责监督靠近猪场的车辆在猪场大门口的洗消流程,对必须下车的驾驶员配给一次性鞋套和一次性防护服,并监督必须下车驾驶员的活动范围(只能在车辆附近活动）。

（4）提醒和监督人员做好进出猪场登记，并按要求进行人员洗澡、更衣、换鞋、鞋底消毒。

（5）必须获得猪场生物安全负责人的许可，才可以让外来访客入场，做好登记，并讲解入场程序，引导访客实施人员进场生物安全流程。

（6）负责收集访客及回场员工换下的脏衣服，并进行清洗、消毒、烘干、折叠，放在指定位置备用。

（7）对员工和访客带入的随身物品进行检查，严禁带生鲜冻品、猪肉或肉制品（含火腿肠、培根、香肠与腊肉等）入场，对必须入场的物资拆除外包装在物资洗消室进行严格的熏蒸消毒，并经检验合格。

（8）负责定期更换猪场大门消毒池里的消毒液并保持水位。

（9）负责定期或根据需要随时对猪场大门区域进行环境消毒。

3.5.5　猪只转群管理

猪只转群过程中存在疫病传播风险。

3.5.5.1　内部猪群流动

内部猪群流动要求"单向流动"，按照"健康等级高的区域向健康等级低区域流动"的原则，同一猪场猪群只能从生物安全高等级区域流向低等级区域。"单向流动"的目的是避免将病原带入上一级或者更易感的猪群，从而要求猪群按照固定的路线转移，不容许随意更改路线或者按原来的路线返回。

种猪群的流动方向为：分娩舍断乳→配怀舍→妊娠舍→分娩舍，断乳后再次回到断乳配怀舍。返情母猪调整配种后进入下一批次，空怀母猪直接进入配怀舍，流产、炎症母猪评估后，具有价值的及时转入特定区域治疗与护理，否则直接转入待淘汰隔离区管理。妊娠舍转产房流程如图3-59所示。

商品猪流向：分娩舍→保育舍→育肥舍→出栏。对于赶出的猪来说，赶出栏舍的猪不容许返回原来圈舍，上了外部运猪车的猪不容许再下车，未转出的猪只不容许转入相邻或者其他圈舍混养。鉴于猪群的单向流动要求，对于赶出了原来圈舍，但由于一些不可抗拒的因素不能被转走的猪，应当在远离猪舍、下风的区域由专人进行饲养管理，与病猪的隔离有一定的区别。

对于一个出售多阶段商品猪的猪场要求："先小后大"即同一天出售不同日龄的猪时，应当先出售小日龄仔猪，再出售大日龄猪；"交易结束，清洗消毒结束"即每一笔交易结束都应当对转猪设备、场地进行清洗消毒（有条件的猪场，1辆运猪车只使用1次，尤其是核心场），再进行下一笔交易。

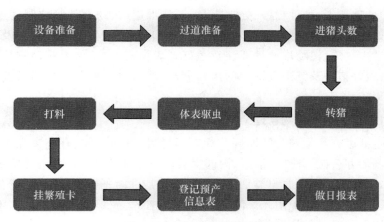

图 3-59　妊娠舍转产房流程

3.5.5.2　全进全出管理

为了避免不同日龄的猪群交叉感染和减少暴露给病原的机会,需要进行"全进全出"的生产管理。全进全出可以理解为"批次生产",是将生产群母猪按指定时间单位和生产节律分批次配种、分娩与断乳,商品猪分批次保育、育成、育肥并出售。需要将相同分娩时间的母猪同一时间进入相同的分娩舍,同一时间断乳并离开分娩舍;相同日龄的仔猪同一时间进入保育/育肥舍(场),同一时间转出。"批次生产"是"全进全出"的基础,主要形式有单周批、多周批。多周批以"三周批"为多,也可以按"天"为单位安排批次生产。

3.6　猪场废弃物处理体系

猪场废弃物主要分为生活废弃物和生产废弃物。其中生活废弃物分为4类:餐厨垃圾、可回收物、有害废弃物、其他废弃物。生产废弃物主要是医疗废物(包括医疗废液)、粪污、污水等。这些废弃物在日常管理中应该分开收集、分类处置、及时处理,并着重加强废弃物的生物安全管理,一旦废弃物处理体系不健全,将会导致猪场卫生环境差,病原大量繁殖和扩散,引发生物安全事件。

3.6.1　污物处理措施

3.6.1.1　污物管理原则

猪场污物管理应遵循以下生物安全管理原则:在污物处理过程中,防止猪场各区域交叉污染;猪场各区域有明显的污物存放地标识,污物只能在各区域指定的地点存放;各类污物有指定的运输路线,避免道路交叉;各类污物有明确的运输人员、运输车辆、处理地点、处理程序、处理人员,不能混用;污物处理管理制度规定有明确的污物处理时间和处理程序,必须在规定的时间内按规定对污物进行及时处理,防止污物滋生蚊蝇;污物堆放处要注意盖好垃圾桶盖,防止鸟类或动物接触,以免污染环境;做好猪场及其附近区域的雨污分离,严防洪水冲散污物和猪粪,或洪水倒灌污染猪场。

3.6.1.2　生活废弃物管理

猪场生活废弃物按照分类原则分为餐厨垃圾、可回收物、有害废弃物、其他垃圾。在猪场的办公区、外部生活区、内部生活区应分别设立这 4 类废弃物的收集桶(垃圾桶),并在桶上注明收集类别。使用过程中应注意桶盖随时关闭,避免污染环境,置于通风阴凉处,避免阳光暴晒,桶内放置大小适宜的不漏水处理袋,不同类别的废弃物用不同颜色的桶和袋加以区分。

1. 餐厨垃圾

餐厨垃圾指易腐烂的、含有机质的生活废弃物。如菜叶、剩菜剩饭、过期食品、瓜果皮壳、鱼骨鱼刺、鸡蛋壳、残枝落叶、茶叶渣等。

生产区的餐厨垃圾每餐过后连同餐具一起通过食品传递窗传递回外部生活区处理,办公区的餐厨垃圾每餐过后集中运到外部生活区集中处理。每天晚饭后,外部生活区处理餐厨垃圾的人员将一天的餐厨垃圾集中煮沸 30 min 后,用不漏液的垃圾袋装好,放在指定地点等待拖运。严禁用潲水饲喂本场或外场猪只。

2. 可回收物

可回收物指适宜回收和资源利用的物品。例如,废玻璃、废纸张、废塑料瓶(盆、桶等塑料制品)、废弃电器电子产品等。

生产区产生的可回收物数量有限,可集中置于生产区可回收物垃圾桶内,每周通过物资洗消室将垃圾袋外表洗消后,传递到外部生活区,放在指定位置等待拖运。外部生活区和办公区产生的可回收垃圾较多,建议每天及时处理。

3. 有害废弃物

有害废弃物指对人体健康或自然环境可能造成直接或潜在危害的生活废弃物。例如,充电电池、废含汞荧光灯管、过期药品及其包装物、油漆桶、血压计、废水银温度计、杀虫喷雾罐、废 X 光片等。

生产区产生的有害物数量有限,可集中置于生产区有害废弃物桶内,每周通过物资洗消室将垃圾袋外表洗消后,传递到外部生活区,放在指定位置等待拖运。外部生活区和办公区产生的有害废弃物,建议每周及时处理。

4. 其他垃圾

其他垃圾指不能归类于以上 3 类的生活废弃物。例如,食品袋、大棒骨、创可贴、污损塑料袋、烟蒂、陶瓷碎片、餐巾纸、女性卫生用品等。

生产区产生的其他垃圾可集中置于生产区其他垃圾桶内,每天通过物资洗消室将垃圾袋外表洗消后,传递到外部生活区,放在指定位置等待拖运。外部生活区和办公区产生的其他垃圾每天及时处理。猪场外部生活区、办公区分别指定1名保洁员,负责每天按时将摆放在外部生活区、办公区的分类垃圾用外部生活区、办公区专用的车辆,拖运到猪场门卫处,由门卫分类放到猪场围墙外指定的位置。猪场围墙外,由猪场指定的外部保洁人员,使用猪场中转垃圾的专用车辆,将垃圾拖运到物资中转站,然后使用猪场自己的外部车辆,将各类垃圾送到社会垃圾处理处分类处理,或者由处理垃圾的社会机构车辆按照猪场规定的时间和路线,到猪场物资中转站将垃圾分类运走并处理。

3.6.1.3　生产废弃物管理

1. 医疗废物管理

猪场医疗废物是指猪场兽医在医疗、预防、保健以及其他相关活动中产生的具有直接或者间接感染性、毒性以及其他危害性的废物。常见的猪场医疗废物有废弃的药瓶、疫苗瓶、一次性无菌注射器、一次性无菌输液器、一次性手套、一次性防护服、一次性鞋套、酒精棉球、止血棉球、棉签、拭子、注射针头、手术刀、手术剪、止血钳、其他生产用具、医疗废液等。应按照国务院令第380号《医疗废物管理条例》的规定,分类回收,及时处理。

猪场应将其法定代表人作为第一责任人,建立健全场内医疗废物管理责任制,切实履行职责,防止因医疗废物导致传染病传播和环境污染事故。应当制定与医疗废物安全处置有关的规章制度和在发生意外事故时的应急方案,设置生物安全小组作为医疗废物管理监控部门,设置猪场兽医负责人为医疗废物管理专职人员,负责检查、督促、落实猪场医疗废物的管理工作。

猪场医疗废物管理专职人员应当对猪场从事医疗废物收集、运送等工作的人员,进行相关法律和专业技术、安全防护以及紧急处理等知识的培训;对医疗废物进行登记,登记内容应当包括医疗废物的来源、种类、重量或者数量、交接时间、处置方法、最终去向以及经办人签名等项目,登记资料至少保存3年。

猪场应设有专门存放医疗废物的专用黄色垃圾桶(图3-60),桶盖上应该有明显的"医疗废物"字样,黄色垃圾桶桶体上有明显的"医疗废物"警示标识和警示说明;桶内部,要放有防渗漏的黄色垃圾袋,废物盛放不能过满,多于3/4时就应封口,封口紧实严密。医疗废物专用垃圾桶应当远离猪舍、人员活动区以及生活废弃物存放场所,并设置明显的警示标识,防止其他人员接触或误用,不得露天存放,并设专人负责管理,定期清洗消毒。

(1)集中处理　猪场医疗废物管理专职人员定期联系医疗废物集中处置单位将猪场医疗废物运走处置。猪场医疗废物用猪场指定的车辆运送,运送医疗废物的车辆应该防渗漏、防遗撒、无锐利边角、易于装卸和清洁、有专用医疗废物标识,按照猪场指定的路线行驶到距猪场 1 km 以外的指定地点,将猪场医疗废物转移到医疗废物集中处置单位的车上。运送时防止流失、泄露、扩散和直接接触身体。运送完毕,猪场运送医疗废物的人员、车辆直接行驶到二级洗消点进行彻底洗消。禁止在运送过程中丢弃医疗废物,禁止在非储存地点倾倒、堆放医疗废物或者将医疗废物混入其他废物和生活废弃物中。

图 3-60　医疗垃圾桶

(2)自行处理　国务院令第 380 号《医疗废物管理条例》规定,县级以上地方人民政府都应该组建医疗废物集中处置设施。不具备集中处置医疗废物条件的农村,猪场应当按照县级人民政府卫生行政主管部门、环境保护行政主管部门的要求,自行就地处置其产生的医疗废物。自行处置医疗废物的,应当符合下列基本要求。

①使用完后废弃的疫苗瓶和针头应用消毒水浸泡消毒,使用后的一次性医疗器具和容易致人损伤的医疗废物,应当消毒并进行毁形处理。

②能够焚烧的,应当及时焚烧,焚烧后的产物可以深埋。

③不能焚烧的,消毒后集中填埋。

④猪场产生的医疗废液、病猪分泌物及排泄物,应当按照国家规定严格消毒,达到国家规定的排放标准后,方可排入污水处理系统。

注意个人防护,如被医疗废物刺破皮肤,要及时用酒精棉球处理伤口,用大量清水冲洗,并根据受伤程度及时就医。当发生医疗废物流失、泄漏、扩散或意外事故时,应在 48 h 内及时上报卫生行政主管部门,导致传染病发生时,按有关规定报告,并进行紧急处理。

2.粪污管理

(1)粪污危害

①粪污对农业生产的影响:饲料中通常含有较高剂量的矿物质元素,未被消化吸收的微量元素将随排泄物排出体外。猪粪污一般作为有机肥料播撒到农田中去,长期下去,将导致磷、铜、锌及其他矿物质元素在环境中的富集,从而对农作物产生毒害作用。

在谷物饲料、谷物副产品和饼粕中有 $60\%\sim75\%$ 的磷以植酸磷形式存在。猪体内缺乏有效利用磷的植酸酶以及对饲料中的蛋白质的利用率有限,导致饲料中大部分的磷和氮由粪尿排出体外,一部分氮挥发到大气中增加了大气中的氮含量,达到一定程度时构成酸雨,危害农作物。

高浓度污水灌溉,会使作物徒长、倒伏、晚熟或不熟,造成减产,甚至毒害作物,出现大面积腐烂,还可导致土壤孔隙堵塞,造成土壤透气、透水性下降及板结,严重影响土壤质量。

②粪污对畜牧生产的影响:猪粪污中含有大量的有机物,经微生物分解后可产生大量的挥发性物质,且有恶臭或刺激性气味,如氨气、硫化氢、挥发性脂肪酸、粪臭素等。这些物质的排放量如果超出大气自我净化的能力,就会对大气环境产生严重污染。

研究表明,在氨的质量浓度为 $50\sim60$ mg/L 的猪舍内饲喂仔猪 4 周,其采食量下降 15.6%,增重下降 20%,饲料利用率降低 18%;当猪舍内氨的质量浓度达到 19.3 mg/L 时,母猪的繁殖性能就会受到一定影响,后备母猪常常表现为持续性不发情。

③粪污对人的健康安全的影响

水质污染:未经处理的粪污排入水体,会造成地表水中 BOD、COD、氮及磷超标,结果导致水体富营养化,其有害成分容易通过渗透作用进入地下水,造成水质污染,影响人类饮用。

生物污染:猪粪中含有多种病原微生物与寄生虫虫卵,是人畜共患病的重要载体,处理不当会导致畜禽传染病和寄生虫病的蔓延与发展。此外,若养殖场使用大剂量抗生素,使粪污和淤泥中带有多种耐药病原菌,也会给人类带来危害。

(2)粪污处理设施 粪污处理的方式有多种,建议猪场采用干湿分离的方式,对固体粪便、液态粪水分别进行无害化处理。固体粪便宜采用好氧堆肥技术进行无害化处理,首先使用机械清粪机收集干粪,然后将干粪送到异位发酵床,处理成有机肥再次利用;液态粪水宜采用厌氧发酵进行无害化处理,规模猪场可通过建设沼气工程或厌氧发酵池密闭储存处理,对于非规模猪场可以使用蓄粪池和田头调节池储存尿液实现无害化处理。粪肥外运时,需要用本场车辆运到场外一定距离后再交接给外场车辆,本场车辆经过彻底洗消后再回场,不应让外场车辆、人员进场或靠近猪场。

①机械清粪机:机械清粪是清理固体粪便的方式之一。利用专用的机械设备替代人工清理出猪舍漏缝地板下面的粪便,将收集的粪便运输至异位发酵床,残余粪尿可用少量水冲洗,污水及液态粪水通过粪沟排入舍外储存或处理。

机械清粪的优点是快速便捷、节省劳动力、提高工作效率,相对于人工清粪而言,不会造成舍内走道粪便污染。缺点是一次性投资较大,还要花费一定的运行和维护费用,工作部件沾满粪便,维修困难,清粪机工作时噪声较大,不利于猪只生长。

尽管清粪设备在目前使用过程中仍存在一定的问题,但是随着养猪业机械工程技术的进步,清粪设备的性能将会不断完善,机械清粪是现代生猪养殖粪污处理的趋势之一。

值得注意的是,运输固体粪便的过程中,要使用封闭、不漏水的车辆,净路与脏路不交叉,避免污染场区,每次运输固体粪便后,要及时对运输中使用的车辆、工具、道路和人员进行彻底洗消。

②异位发酵床:异位发酵床(图 3-61)是在猪场生产区内、猪舍外的地方建一个发酵床,用于对猪场固体粪便进行无害化处理,按照发酵床的标准铺入垫料,接上菌种,然后将猪舍内清理出的固体粪便送到发酵床上,通过翻抛机(图 3-62)进行翻动,发酵后达到将猪场固体粪便进行无害化处理的目的。

图 3-61　异位发酵床

二维码 3-4　翻抛机
自动翻抛

图 3-62　翻抛机

　　发酵床位置应安排在生产区内采光好、通风好、地势高的地方。采光好有利于固体粪便发酵,通风好有利于减少异味,地势高可避免雨水流入,使发酵床保持在一定的干湿度范围内;发酵床垫料主要有锯末、稻壳和作物秸秆等,垫料的选择与配比不同将会影响对粪污的消纳能力,以及发酵过程中垫料的温度、湿度动态变化和发酵产物的理化特征,因此发酵床垫料的选择与配比应因地制宜,不能一概而论,在推广引用前应做小试试验摸索条件。

二维码3-5　向发酵床注入粪水

　　(3)清粪方式　在粪污处理过程中存在一个重要步骤,那就是清粪方式的选择,粪污后期处理应与前期清粪方式环节相互参照,目前畜禽养殖过程中的主要清粪方式有干清粪、水冲式清粪和水泡粪清粪三大类清粪方式。

　　①干清粪:采用人工或机械方式从畜禽舍地面收集全部或大部分的固体粪便,地面残余粪尿用少量水冲洗,从而使固体和液体废弃物分离的粪便清理方式。

　　干清粪工艺的主要目的是尽量防止固体粪便与尿和污水混合,具体做法是粪尿一经产生便分流,干粪由机械或人工收集、清扫、运走(图3-63),尿及冲洗水则从下水道流出,分别进行处理。

图3-63　干清粪的铲车及粪便传送带

　　干清粪的优点包括:冲洗用水较少,减少水资源消耗;污水中有机物含量较低,有利于简化污水后处理工艺及设备,降低污水后处理成本;保持固体粪便的营养物质,提高有机肥肥效,有利于粪便肥料的资源利用;能有效地清除畜禽舍内的粪便

二维码 3-6　干粪传送

和尿液,保持畜禽舍环境卫生。

②水冲式清粪:水冲式清粪是粪尿污水混合进入缝隙地板下的粪沟,每天数次从粪沟一端经高压喷头放水冲洗的清粪方式。粪水顺粪沟流入粪便主干沟,进入地下储粪池或用泵抽吸到地面储粪池。该清粪方式运行过程中产生一定费用,主要包括:水费、电费和维护费。1头猪每天需用水 20～25 L,电费主要来自水喷头和污水泵用电。

水冲式清粪的优点有:水冲粪方式可保持猪舍内的环境清洁,有利于动物健康。劳动强度小,劳动效率高,有利于养殖场工人健康,在劳动力缺乏的地区较为适用。水冲式清粪的缺点在于:耗水量大,一个万头养猪场每天需消耗大量的水来冲洗猪舍的粪便;固液分离后,大部分可溶性有机质及微量元素等留在污水中,污水中的污染物浓度很高,而分离出的固体物养分含量低,肥料价值低。该工艺技术不复杂,不受气候变化影响,但污水处理部分基建投资及动力消耗很高。

③水泡粪:水泡粪清粪是在猪舍内的排粪沟中注入一定量的水,粪尿、冲洗和饲养管理用水一并排放缝隙地板下的粪沟中,储存一定时间后(一般为 1～2 个月),待粪沟装满后,打开出口的闸门,将沟中粪水排出。粪水顺粪沟流入粪便主干沟,进入地下储粪池或用泵抽吸到地面储粪池。运行费用主要包括:水费、电费和维护费。1头猪每天需用水 10～15 L,电费主要来自闸门自动开关系统和污水泵用电。

水泡粪清粪优点为:比水冲式清粪工艺节省用水和节省人力,工艺技术不复杂,不受气候影响。

水泡粪清粪缺点为:由于粪便长时间在猪舍中停留,形成厌氧发酵,产生大量的有害气体,如硫化氢、甲烷等,恶化舍内空气环境,危及动物和饲养人员的健康。粪水混合物的污染物浓度更高,后处理也更加困难。另外,污水处理部分基建投资及动力消耗也较高。

④清粪原则:首先,清粪只是粪污处理过程的一个环节,必须与粪污处理过程的其他环节相连接形成完整的系统,才能实现粪污的有效管理。换句话说,可以根据选定的清粪方式,确定后续的粪污处理技术;也可以根据选定的粪污处理技术,确定相匹配的清粪方式。例如,如果某猪场打算采取沼气工程处理粪污,该猪场的清粪方式最好选择为水泡粪清粪方式;同样,如果某猪场采用水泡粪清粪方式,粪污的后期处理确定为达标排放处理就不合适,因为水泡粪的粪污中有机物浓度很高,对这样的粪污进行净化处理,显然要付出的代价高。

其次,选择清粪方式还应综合考虑饲养方式、劳动成本、养殖场经济状况等多方面因素。规模猪场的粪污通常有 2 种利用方式,一种用作肥料,另一种作为能源物质,如生产沼气等。尿和污水经净化处理后作为水资源或肥料重新利用,如用于农田灌溉或鱼塘施肥。无论以上哪种方式处理粪污,都应该遵循以下生物安全管理原则:严禁使用新鲜粪污在生产区施肥种菜,必须经过发酵制成有机肥才能使用,以免粪便中的病原微生物污染生产区。每周对粪污暂存池(场)的周围进行 2 次消毒。严禁外来车辆靠近猪场,用猪场自己的专业吸粪车在猪场围墙外吸取并转移粪污;猪场吸粪车及人员每次运输粪污前后,都要在猪场指定的二级洗消点进行彻底的洗消,并且按照猪场规定的路线行驶;吸粪车每次转移粪污后,经过的猪场附近路面需要进行彻底的消毒,以免漏粪污染净区。

建议各猪舍的粪尿由管道输入粪污暂存池(场);如果需要在生产区用车辆转运猪粪,则需要使用每栋猪舍自己的专用车辆和工具,车体密封性好,各猪舍之间运输猪粪的道路不交叉;在粪污暂存池(场)与猪舍之间设有清洗和消毒点,车辆和工具必经清洗消毒后才可进入猪舍;每次运输完毕,及时对车辆所经道路进行清洗消毒。干湿分离后的干粪在发酵棚经发酵制成有机肥,如发酵棚建在生产区内,则需要将发酵好的有机肥装在密封袋里运输。外来购买有机肥的车辆和人员,必须严格执行猪场规定的生物安全流程后,方可在猪场指定的地点装车;外来车辆装车完成离开后,猪场及时对装车点周围以及 50 m 内的道路进行清洗消毒。猪场的污水处理场需要建立围墙,与生产区分开管理。猪场污水处理场进门处需要设立洗消设施,污水处理场工作人员进出需要清洗工作靴,并踏过消毒池进行鞋底消毒。

(4)粪污处理方式　生猪养殖过程粪便的处理方法较多,主要有干燥处理、好氧堆肥、沼气发酵、饲料利用、漏缝地面-免冲洗-减排放型等粪污处理方式。

①干燥处理:粪便脱水以方便使用,主要有自然干燥和高温快速干燥。自然干燥是利用阳光照晒将新鲜畜禽粪便进行翻动并自然烘干的干燥处理,该种方法虽然成本消耗少,但是污染严重只能用于小规模操作,不适宜大规模畜禽养殖场;高温快速干燥则是通过采用 500 ℃高温加热进行干燥,然后除臭灭菌快速干燥。我国常用滚筒式干燥机,能使粪便的含水量由 75% 在短时间内下降至 8% 以下,但存在烘干机排出的臭气二次污染以及处理温度过高导致肥效较差等缺点。

②好氧堆肥:畜禽粪便中含有大量的有机物及丰富的氮、磷、钾等营养物质,是农业可持续发展的宝贵资源,因此对粪便进行好氧堆肥是目前广泛使用的处理方式,前述的异位发酵就为堆肥发酵(图 3-64)的一种。根据粪便原料和辅料的特性,以及堆肥要求的碳氮比和水分含量,对粪便和辅料按一定比例混合,并对堆体中氧气和温度进行适当控制,使粪便快速发酵生产有机肥。这种方法处理粪便的优点

在于最终产物臭气少,且较干燥,容易包装、施用,可作为土壤改良剂或有机肥料用
于农业生产。

二维码 3-7 堆肥粪污
铲车翻抛

图 3-64 猪粪堆肥发酵

③沼气发酵:根据畜禽粪便中有机物含量高的特点,在一定的水分、温度
(35 ℃、55 ℃)和厌氧条件下,通过各类微生物的分解代谢,最终形成甲烷和二氧化
碳等可燃性混合气体(沼气),同时杀灭粪水中大肠杆菌、蛔虫卵等。沼气是清洁能
源,可作为燃料用于家庭生活,养殖场大量沼气也可进行发电并网;沼渣和沼液中
含有氮、磷等成分,可作为肥料用于农业生产,也可用于养鱼、作物浸种等,沼气发
酵是我国目前使用较广泛的粪便处理方法之一。图 3-65 所示为沼气罐。

图 3-65 沼气罐

④饲料利用:畜禽粪便含有大量未消化的粗蛋白质、粗纤维、粗脂肪和矿物质等,其中氨基酸的组成也比较齐全、含量也较丰富,经过加工处理后,可杀死病原菌,提高蛋白质的消化率和代谢能,改善适口性,能成为较好的饲养昆虫、蚯蚓等特种经济动物养殖的饲料资源。

⑤漏缝地面-免冲洗-减排放型:传统猪场的设计是在地面平养,粪尿一般都是用水直接冲洗猪舍,且污水和雨水不能分离,猪场生产过程中每年产生大量污水,若养殖场配套的沼气池、曝气池、储粪池、储液池等容量小,或者固液分离技术操作不到位,将会造成养殖场排放污水严重超标,给环境带来严重的危害。采用漏缝地面-免冲洗-减排放型环保养猪模式将会大大减少污水排放量,该种养殖模式通过漏缝地面使得猪粪尿自动漏进粪尿沟,或者经猪只踩踏漏入粪尿沟,不需要水冲洗猪舍,每天排出的猪粪很容易收集,只有猪尿流入沼气池,减少猪场污水排放量,大大减轻了养猪的环保压力。

3.6.2　病死猪无害化处理措施

3.6.2.1　病死猪处理设施及方法

异常死亡或者确定得了传染病(如非洲猪瘟)的猪只,会威胁到其他猪的健康,应立即按照病死猪进行无害化处理。为了保障猪场大环境的安全,建议有条件的猪场在生产区下风向的一个角落,建立自己的病死猪无害化处理中心,以便及时处理本场的病死猪,应建实体围墙将猪场无害化处理中心完全隔离,猪场病死猪无害化处理方式建议采用焚烧法或高温生物发酵法;需要将病死猪送到无害化处理场进行集中处理的猪场,建立一个本猪场专用的无害化处理移交点。

常用的无害化处理方式有焚烧法、高温生物发酵法和深埋法。

1. 焚烧法

焚烧法是最为彻底有效的无害化处理方法。焚烧法可视情况对病死猪和相关动物产品进行破碎等预处理,然后投至焚化炉(图 3-66)本体燃烧室,经充分氧化、热解,产生的高温烟气进入二次燃烧室继续燃烧,产生的炉渣经出渣机排出。燃烧室温度应≥850 ℃。燃烧所产生的烟气从最后的助燃空气喷射口或燃烧器出口到换热面或烟道冷风引射口之间的停留时间应≥2 s。焚化炉出口

图 3-66　猪场无害化处理焚化炉

烟气中氧含量应为 6%～10%。

二次燃烧室出口烟气经余热利用系统、烟气净化系统处理,达到排放标准要求后排放。焚烧炉渣与除尘设备收集的焚烧飞灰应分别收集、储存和运输。焚烧炉渣按一般固体废物处理或作资源化利用;焚烧飞灰和其他尾气净化装置收集的固体废物需按 GB 5085.3—2007《危险废物鉴别标准 浸出毒性鉴别》要求进行危险废物鉴定,如属于危险废物,则按要求处理。焚烧法操作时需要注意:严格控制焚烧进料频率和质量,使病死猪和相关动物产品能够充分与空气接触,保证完全燃烧;燃烧室内应保持负压状态,避免焚烧过程中发生烟气泄漏;二次燃烧室顶部设紧急排放烟囱,应急时开启;有烟气净化系统,包括急冷塔、引风机等设施。

2.高温生物发酵法

高温生物发酵法采用高温生物降解技术处理病死猪,将病死猪携带的病原杀死,将尸体转化成有机肥组分。高温生物发酵法的优点是:处理过程无废水、废油、废气排放,对环境影响小;处理工艺简单,用水量少,动物油脂混合在处理物中;通过在物料中添加生物降解菌种及辅料进行发酵降解,处理后的产物可以作为有机肥组分;整个处理的过程自动控制,不产生二次污染。猪场可根据自身规模购置

图 3-67 病死猪高温生物降解机

适宜规格的专用高温生物发酵设备。图 3-67 所示为病死猪高温生物降解机。

高温生物发酵法的操作过程是:将病死猪添加到可密闭的料槽内,动刀转动,在动刀和定刀的共同作用下,将病死猪进行切割、粉碎。在切割粉碎的过程中,由加热管加热导热油(设定油温 150 ℃),对病死猪进行高温灭菌,同时添加生物降解菌种和辅料(粗糠粉或植物秸秆)发酵降解。通过分切、绞碎、发酵、杀菌、干燥五道工序,进行全自动化的处理,及时高效分解病死猪和相关动物产品,处理后的产物为较为干燥疏松的有机肥组分。对有机肥组分进行二次发酵,可有效分解油脂和蛋白质。

高温生物发酵法的处理过程环保。整个处理过程无烟、无臭、无废水、无废油,实现了病死猪和相关动物产品的无害化处理与资源化利用。

3.深埋法

深埋法是指按照相关规定,将病死及病害动物和相关动物产品投入深埋坑中并覆盖、消毒,以处理病死及病害动物和相关动物产品的方法。

（1）选址要求 应选择地势高燥，处于下风向的地点，远离学校、公共场所、居民住宅区、村庄、动物饲养和屠宰场所、饮用水源地、河流等地区。

（2）技术要求 深埋坑体容积以实际处理猪尸体及相关动物产品数量确定。深埋坑底应高出地下水位 1.5 m 以上，要防渗防漏；坑底撒一层厚度为 2~5 cm 的生石灰或漂白粉等消毒药；将动物尸体及相关动物产品投入坑内，最上层距离地表 1.5 m 以上；在坑内动物尸体及相关动物产品上铺撒氯制剂（如漂白粉）或生石灰等消毒药消毒；覆盖厚度不少于 1~1.2 m 的覆土，覆土表面低于地表 20~30 cm。注意：覆土不要压实，以免随着动物尸体的腐败和产气，造成覆土鼓胀、冒气泡、爆炸、突出地表及液体流出。

深埋后，在深埋处设置警示标识，拉警戒线。深埋后，立即用氯制剂（如漂白粉）或生石灰等消毒药对深埋场所、周边及转运道路进行 1 次彻底消毒；参与转运的人员、物资、车辆，按照各自的消毒方式彻底消毒；深埋过程中产生的污水用二氯异氰尿酸钠进行消毒处理；动物排泄物、被污染的饲料、垫料可以焚烧或随动物尸体一起深埋。深埋后第 1 周内应每天对深埋场所消毒 1 次，每天巡查 1 次；第 2 周起应每周消毒及巡查各 1 次，连续巡查 3 个月，连续消毒 3 周以上。

4. 转运处理

将病死猪转运到无害化集中处理场集中处理的猪场，应在离场区 500 m 以上的地方建立一个本猪场专用的无害化处理移交点。无害化处理移交点的作用是阻断外来车辆、人员与猪场内部的车辆、人员接触。

无害化处理移交点的使用流程是：首先，猪场将病死猪严密包裹后，通过专用道路运送至本猪场专用的无害化处理移交点，沿途注意不得撒漏，并且不能与外来无害化处理车辆和人员接触，以免出现交叉感染；然后，无害化处理场的车辆或者其他外部车辆，应及时到无害化处理移交点将病死猪收走。如果病死猪不能被及时收走，应将病死猪暂存在冷冻柜中。

3.6.2.2 病死猪无害化处理注意事项

1. 处置人员的保护

处置时，处置人员必须穿戴手套、口罩、防护衣、胶筒靴（图 3-68）；处置完，处置人员需要全身消毒，将用过的防护用品统一深埋，胶筒靴需浸泡消毒后方可再次使用；病死猪处理过程中，处理人员身体若存在暴露的部位需要用酒精或碘酒消毒；严禁皮肤有

图 3-68 人员的生物安全防护

破损者参与处置过程。

2.前期准备工作

先用消毒药喷洒污染的圈舍、周围环境及病死猪体表;再将病死猪装入塑料袋或密闭容器;对于尚未死去的猪只,则要用绳索捆绑四肢,防止猪只挣扎。

3.做好消毒

圈舍、环境、场地等的消毒药物可选用有效含氯酸、强碱等制剂;人体表面的消毒可选用酒精、酚类等制剂;消毒喷洒程度,以被消毒物滴水为度;移尸途径地必须彻底消毒;凡污染过的猪舍、用具、周围环境必须彻底、反复消毒,每天1次,连续1周以上。

3.6.2.3 病死猪无害化处理流程

经猪场兽医确认为需立即进行无害化处理的病猪或者病死猪,若场内设有无害化处理点的应立即用病死猪专用运输车辆将需处理的猪送至无害化处理点进行无害化处理。若病死猪需要送到集中无害化处理场处理的猪场,需由本场专用车辆将病死猪转运到场外本猪场专用的无害化处理移交点,严禁场外车辆、人员进入生产区拉病死猪,包括保险公司的车辆及理赔人员。在转运过程中要注意:拖运病死猪的车辆要封闭,避免病死猪的血液、排泄物、分泌物在转运过程中散落;拖运病死猪的道路尽量不与其他道路交叉;运送人员应穿着防护服;送达后猪场专车返回前,车辆和沿途道路应彻底清洗消毒,转运人员在完成1次转运后也应严格清洗消毒,避免对场区造成污染。

非必要情况尽量不要对病死猪进行剖检,如需解剖,需在指定地点,并避免病猪解剖物污染环境,解剖后应立即对接触的人员、场地、工具等进行彻底洗消,对剖检尸体进行无害化处理。

 思考题

1.猪场选址中应考虑哪些生物安全因素?

2.猪场应如何进行生物安全的规划设计?

3.猪场常用的生物安全设施设备有哪些?

4.洗消中心应如何建设和管理?

5.简述猪场环境对生物安全的重要性。

6.猪舍内应如何进行清扫和冲洗?

7.水线如何进行清洗消毒?

8.猪场消毒制度应如何制定?

9.肌内免疫注射如何操作?

10. 免疫废弃物如何处理？
11. 猪场疫病监测应如何开展？
12. 猪场如何防鸟防害？
13. 猪场车辆和人员流动如何管理？
14. 猪群应如何流动管理？
15. 猪场废弃物如何进行管理？

第4章

猪场生物安全风险评估体系

【本章提要】风险评估是人们日常工作中进行预防管理的一种重要手段,通过风险评估可以有效预防和应对各种灾害,在养猪生产中如果能对生物安全进行量化评估,可大大降低生物安全事故所带来的经济损失。本章主要介绍猪场生物安全评估的原则、方法和具体实例。

4.1 生物安全风险评估概述

生物风险评估是运用一定的方法与原理对客观事物可能面临的风险进行分析识别、评价和控制的过程。生物安全风险评估的目的是通过建立风险评估体系确定风险评估等级,以降低生物安全事故发生概率。

猪场的生物安全风险评估,是对猪场生产中可能面临的风险进行分析识别、评价和控制的过程。对猪场生物安全风险进行评估是找出猪场生物安全的薄弱点和完善猪场防疫措施的重要途径。

4.1.1 基本原理及原则

4.1.1.1 原理

风险评估实质上是一种行为方式或管理方式,是对客观事物可能面临的风险进行分析识别、评价和控制的过程。

4.1.1.2 原则

1.风险评估的客观性

风险评估的目的是进行科学的风险预防和风险监控,而评价的质量是影响风险预防和监控实施的关键。客观性是科学评价的基础,决定着评价质量的好坏,因此要尽量排除主观臆断,遵循客观事实和规律进行评价,确保评价的客观性与真实性。

2. 风险评估方法的科学性

目前风险评估方法很多,在实际应用中都有各自的优缺点和适用条件,因此,风险评估应根据评价对象的特点和评价目标的要求,选择能反映实际的、合适的、科学的风险评估方法。

3. 风险评估过程的规范性

要保证风险评估的客观性和科学性,一个重要前提就是确保评价过程的规范化,这是保证评价结果公正性的关键。因此必须制定和实施一套规范的评价程序,做到评价过程中的每一环节、每一步骤都是规范的、公开的、可监督的。

4.1.2 基本特征

应用风险评估理论的研究方法,对猪场进行分析、评价和管理已逐渐被接受,并形成共识。目前,应用的风险评估理论主要是以整合性风险评估为基础的现代风险评估理论。在管理方式上,是以整合性风险评估方式为平台开展的管理;在涉及范围上,是一种全方位的风险评估,包括狭义上造成直接损失的风险,以及广义上涉及的健康、生产安全、经济、政治、社会以及生态、环境等的风险;在管理过程上,是对事物存在风险的全过程管理;在管理组织上,是全员性的,涉及进行风险评估的各个方面的单位和人员;在管理方法上,是一种动态性、综合性的且具有生命周期性的风险评估。

4.1.3 基本内容

运用现代风险评估理论开展生物安全风险评估,其基本方法和步骤主要包括生物安全风险评估目标的设定、风险识别、风险分析与评价、风险控制 4 个方面。

4.1.3.1 目标的设定

开展风险评估,首先应确定风险评估对象,根据开展风险评估对象的实际情况,确定评估的内容、范围、时限等,明确生物安全风险评估目标。

4.1.3.2 风险识别

风险识别就是通过调查、分析等,识别出风险评估对象所面临的风险类别、风险属性、风险源以及风险影响因子、影响方式、影响途径等。同时收集风险评估对象的有关基础数据和资料,建立风险评估数据库。

4.1.3.3 风险分析与评价

在分析和识别风险的基础上,采用一定的方法理论和标准对风险进行分析和评价,确定风险程度及可能造成的损失和后果。风险分析和评价的最终目的,不仅要判断和确定风险程度及可能造成的损失和后果,还要采用一定的方式建立风险评价标准,确定风险等级,后者不仅直接关系到风险评估资源的配置,而且确定的评价标准还是正确评价风险和制定对策的基础,同时也是合理调控风险评估过程的基本参照。风险分析评价的方法有定性的,也有定量的,其需要根据风险管理对象和风险评估目标的不同进行确定。风险分析评价是一项极为复杂和困难的工作,需要在一定的数据、资源的基础上开展,同时也需要分析评价者具有一定的专业知识和风险评估对象领域内的工作经验和实践积累。

4.1.3.4　风险控制

根据风险识别和风险分析与评价结果,并综合考虑与风险有关的各种因素及管理的实际水平,确定风险的对策和实施风险的控制。风险管理的确定性、科学性和操作性,符合当前的实际情况。风险的控制合理、经济、有效,并对控制过程实施监督。

风险评估目标的设定、风险识别、风险分析与评价、风险控制等环节之间既相互联系,又相互促进,不能相互孤立,更不能缺失其中某一个环节。其中,风险控制是风险评估的核心,风险识别、风险分析与评价是风险评估的基础,风险评估目标的设定是方向。

4.2　生物安全风险评估方法

目前常用的生物安全风险评估方法可分为 3 类:定性评价法、定量评价法以及定性和定量相结合的综合评价法。

4.2.1　定性评价法

4.2.1.1　德尔菲法(专家调查法)

德尔菲法是通过对多位相关专家的反复咨询及意见反馈,确定影响某一特定活动的主要风险因素,然后制成风险因素估计调查表,再由专家和风险决策人员对各风险因素出现的可能性以及风险因素出现后的影响程度进行定性估计,最后通过对调查表的统计整理和量化处理获得各风险因素的概率分布和对整个活动可能的影响结果。

4.2.1.2　情景分析法

情景分析法是对预测对象可能出现的情况或引起的后果做出预测的方法,即构造出多种不同的未来情景,然后确定从未来可能出现的各种情景到现在之间必须经历哪些关键的事件。主要应用于:识别系统可能引起的风险;确定项目风险的影响范围,是全局性影响还是局部性影响;分析主要风险因素对项目的影响程度;对各种情况进行比较分析,选择最佳结果。

4.2.2　定量评价法

4.2.2.1　概率分析法

概率分析法就是使用概率预测分析各种风险因素的不确定性变化范围的一种定量分析方法,其实质是在研究和计算各种风险因素的变化范围,以及在此范围内出现的概率、期望值和标准差的大小的基础上,确定各种风险因素的影响程度和整体风险水平。概率分析法作为风险分析的一种方法,在实际应用中,只考虑各种风险因素的综合影响结果,对具体风险因素并不进行详细考察。

4.2.2.2　决策树分析法

决策树分析法就是利用树枝形状的图像模拟来表述风险评估问题,整个风险评估可直接在决策树上进行,其评价准则可以是收益期望值、效用期望值或其他指标值。决策树由决策结点、机会结点与结点间的分支连线 3 部分组成。利用决策树分析法进行风险评估,不仅可以反映相关风险的背景环境,还能够描述风险发生的概率、后果以及风险的发展动态。

4.2.3　综合评价法

4.2.3.1　层次分析法

层次分析法的基本思想是把复杂问题分解为若干层次,在最底层通过两两相比得出各因素的权重,通过由低到高的层层分析计算,最后计算出各方案对总目标的权数,为决策者提供决策依据。

4.2.3.2　模糊综合评价法

模糊综合评价法能够对多种属性的事物,或者说,其总体优劣受多种因素影响的事物,做出一个合理的综合这些属性或因素的总体评判。在风险评估实践中,有许多事件的风险程度是不可能精确描述的,可以利用模糊数学的知识进行风险衡量和评价。模糊评价可以把边界不清楚的模糊概念用量化的方法表示出来,为决策提供支撑,是一种应用广泛的评价方法。其缺陷主要在于评价要素及其权重的确定具有主观性。

4.2.3.3　多指标综合评价法

多指标综合评价法是将多个内容、量纲、评价方法和评价标准均不统一的指标进行标准化处理,使各指标的评价结果或得分值具有可比性,再通过一定的数学模型或算法将多个评估指标值计算为一个整体性的综合评估值。每个指标的标准分值与其权重进行加权平均,就得到风险评估的总分值。

4.3 生物安全风险评估实例

以重庆某猪场为例,对其进行生物安全风险评估。通过建立生物安全风险评估体系对该猪场的生物安全风险等级进行评价,以达到降低风险因素和提高生产能力的目的。

4.3.1 基本情况

该猪场位于重庆市万州区某乡镇某村,猪场临近县道,通过该县道到场区所在镇只有 2 km,通过场区所在镇到万州区交通便利,便于运输饲料和猪只。猪场总占地面积 88 000 m^2,猪场内建有整体圈舍(配怀舍和分娩舍)、纯种隔离舍、后备育成舍、配套辅助生产设施以及生活办公区的附属用房,建筑物之间空地种有蔬菜和果树。

4.3.1.2 养殖情况

该猪场引进纯种长白、约克夏原种母猪 3 000 头(人工授精,精液外购),后备母猪 800 头,年产繁育 21 d 仔猪 72 000 头,其中选育二元种母猪 24 000 头,其他商品仔猪 48 000 头。猪场不进行育肥和仔猪阉割。

4.3.1.3 防疫情况

该猪场有基本的消毒、防疫及病死猪处理措施,但对非洲猪瘟等重大动物疫病防控的措施还不足。

4.3.2 风险目标设定

猪场风险评估的对象是对猪场的生产过程和猪场的环境卫生进行评估,根据猪场的实际情况,通过开展现场调查和现状监测以及资料收集,了解猪场区域内的生物安全;并从"产业政策、生产安全、总量控制、环境影响"等方面出发,结合国家及地方畜牧业发展的相关政策及规划,评价该猪场的生物安全体系,为猪场生产提供科学依据。

4.3.3 风险识别

风险防范是猪场疾病预防和危害避免的前提和保障,本生物安全评价体系是对该猪场在内部和外部可能发生的潜在危险进行分析,以找出主要风险环节,识别风险程度,进而针对性地采取预防和应急措施,尽可能将风险的可能性和危险性降到最低程度。

猪场外部生物安全风险识别包括选址与布局、门卫区、生活区和办公区、生产区;猪场内部生物安全风险识别包括车辆洗消中心、病死猪无害化处理中心。

4.3.4　风险指标体系构建与评价

为阻断病原体侵入畜禽群体要采取一系列的疫病综合防范措施,如果某种传染病没有疫苗来保护易感动物,就只有通过加强生物安全措施来切断传播途径或者消灭传染源。所以要提高生物安全意识,健全生物安全体系,及时对猪场存在的风险指标进行评估和审查,找到猪场生物安全工作的薄弱点,不断加强完善。

猪场风险指标体系构建针对猪场生物安全执行中的细节,将风险识别中的生物安全风险因子,划分为高、中、低3种风险状况(表4-1至表4-7)。在评估猪场生物安全时,若存在高风险生物安全因素,应该及时进行整改,应尽量将猪场的风险都降至低风险。

在指标层构建的基础上进行权重分析,将指标层低风险A计10分,中风险B计6分,高风险C计3分,则指标层分数区间为30~100分,最终确定≥80分为低风险,60~80分为中风险,≤60分为高风险。

该猪场风险指标的生物安全评估表见表4-1至表4-7。

表4-1　猪场选址与布局生物安全评估表

序号	评估内容	评估方法	低风险A	中风险B	高风险C	权重
1	距离种猪场、生猪屠宰加工厂、有生猪产品销售的市场	查勘测定	≥5 km	1~5 km	≤1 km	0.2
2	距离非本厂专用猪粪收集处理场所、开放式生活垃圾堆放场点	查勘测定	≥3 km	1~3 km	≤1 km	0.2
3	距离相关动物诊疗场所、动物隔离场所、无害化处理场所	查勘测定	≥10 km	3~5 km	≤3 km	0.1
4	距离城乡居民区、文化教育科研等人口集中区域	查勘测定	≥2 000 m	500~2 000 m	≤500 m	0.1
5	距离公路、铁路等主要交通干线	查勘测定	≥500 m	200~500 m	≤200 m	0.1
6	猪场围墙	检查现场	有猪场外墙、内围墙及生产区围墙三道围墙	只有猪场外围墙或两道围墙	没有围墙	0.3
7	猪场防鼠板、防鼠沟	检查现场	围墙外有防鼠沟或防鼠板	防鼠带或防鼠板设置不规范	没有防鼠板或防鼠沟	0.1

表 4-2　猪场车辆洗消中心生物安全评估表

序号	评估内容	评估方法	低风险 A	中风险 B	高风险 C	权重
1	猪场设立独立的生猪运输车辆洗消点	检查现场	有,清洗、消毒、烘干等功能和设施齐全	有,但无烘干功能	没有洗消点	0.2
2	车辆洗消点布局	检查现场	严格区分净区、灰区和脏区,净区、脏区道路不交叉	有分区,但净区和脏区道路存在交叉	没有区分净区和脏区	0.2
3	车辆清洗完彻底消毒	检查现场和制度	消毒剂反复喷洒,保证 30 min 以上	消毒剂覆盖不足 30 min	消毒剂用量不够,作用时间少	0.4
4	车辆洗消完进行高温干燥	检查现场	烘干温度达 60 ℃维持30 min 或 70 ℃ 维持 15 min	不烘干,自然干燥	不干燥	0.2
5	车辆洗消记录	检查现场和制度	有监督,有合格认证	有监督,无合格认证	无记录	0.1

表 4-3　场外出猪中转台和出猪台生物安全评估表

序号	评估内容	评估方法	低风险 A	中风险 B	高风险 C	权重
1	场外一定距离设立出猪中转站	检查现场	有,距离猪场 1～3 km	有,离猪场 1 000 m 以内	无	0.2
2	配备专用车辆从场内转运生猪	检查现场和制度	有,专用车辆将猪转移到中转站,客户在出猪中转站运猪	无,客户运猪车在猪场外围墙出猪台进行运猪	无,客户进入生产区进行运猪	0.2
3	中转站设备消毒	检查现场和制度	每次用完后,洗消、烘干	每次用完只洗消,没有烘干	用完后不清洗消毒或仅简单的清洗	0.2
4	出猪台的出猪通道	检查现场和制度	严格单向通道,猪只不回流	设施不合理,可能会回流	有回流	0.1
5	猪场内部人员与外部运猪客户接触情况	检查现场和制度	猪场内部人员与外部人员不接触,不共用工具	有简单接触	赶猪上客户运猪车	0.1

续表 4-3

序号	评估内容	评估方法	低风险 A	中风险 B	高风险 C	权重
6	出猪台消毒情况	检查现场和制度	出猪完成后,高压冲洗、消毒、干燥	清洗、消毒、干燥不规范	不清洗	0.2
7	在出猪台或分区隔离出猪通道配备监控设备与现场监控	检查现场	有监控,且有生物安全负责人现场监控	有监控,但没有生物安全负责人现场监控	没有监控,也无安全责任人	0.1

表 4-4　生活办公区生物安全评估表

序号	评估内容	评估方法	低风险 A	中风险 B	高风险 C	权重
1	猪场厨房位置	检查现场和设计	厨房建在生产区外,所有食物煮熟后通过食物传输窗传递,生产区人员与厨房工作人员不接触	厨房建在生产区,所有食物消毒后进入生产区	厨房建在生产区内,食物未经消毒直接进入生产区	0.2
2	厨房肉制品来源	检查现场和制度	不外购肉制品,自己杀猪	在菜市场购买牛羊肉、禽肉	在菜市场购买猪肉	0.3
3	猪场蔬菜来源	检查现场和制度	不外购,自己种植	向固定菜农或蔬菜款基地购买,并降低采购频率	从菜市场或集市购买	0.1
4	餐厨垃圾处理	检查现场和制度	封闭保存并无害化处理	深埋发酵处理	不处理,直接倒进下水沟	0.2
5	办公区室内外环境定期消毒制度	检查现场和制度	定期消毒,干净整洁	消毒不彻底,整洁不足	不消毒,不干净整洁	0.1

表 4-5　隔离区生物安全评估表

序号	评估内容	评估方法	低风险 A	中风险 B	高风险 C	权重
1	人员进入猪场	检查制度	在人员洗消室进行严格淋浴、更衣、换鞋	仅更换衣服或者防护服,但不淋浴	不进行任何处理直接进场	0.4

续表 4-5

序号	评估内容	评估方法	低风险 A	中风险 B	高风险 C	权重
2	按照规定时间隔离后进入生产区	检查制度	在场区外和场内隔离区隔离 48～72 h	在场区外和场内隔离区隔离 24 h	没有隔离或者隔离时间不足 12 h 直接进入内部生活区或生产区	0.2
3	人员隔离区与办公区、养殖生产区布局	检查现场和设计	隔离区与办公区、生产区有围墙	围墙不全	隔离区与办公区、生产区无围墙	0.2
4	进入隔离区所能携带物品消毒	检查现场和制度	只能携带手机、眼镜等个人物品，且须进行表面消毒后，通过传递窗传入，且单向流动	消毒不规范，或直接由进入人员直接携带进入	未经消毒直接进场	0.3

表 4-6　生产区生物安全评估表

序号	评估内容	评估方法	低风险 A	中风险 B	高风险 C	权重
1	人员进入猪舍前	检查现场和制度	洗手、更衣、换鞋、鞋底消毒，消毒池里的消毒液每天更换	有换鞋、洗手、鞋底消毒，但不更衣	没有任何措施	0.2
2	生产区各功能区布局	检查制度和设计	各功能区隔离设立，种猪区与肥育区隔离设置，保持一定间隔，以实体围墙隔离	功能分区不明显	无功能分区	0.3
3	生产区内净道、脏道划分	检查现场和设计	生产区划分净道和脏道，净道和脏道互不交叉	—	净道和脏道存在交叉	0.3
4	鞋底清理	检查现场和制度	有猪舍人员消毒制度，配备鞋靴、消毒设施设备，每天下班前清洗鞋上污物，经消毒后底部朝上干燥备用	鞋底清洗消毒不彻底	鞋底不清洗消毒	0.2

续表 4-6

序号	评估内容	评估方法	低风险 A	中风险 B	高风险 C	权重
5	猪舍能有效防止犬、猫、鸟、鼠、蝇进入	检查现场和设计	有设置防犬、猫、鸟、鼠、蝇进入的设施	设施不完善	无防鼠、鸟、猫等进入的设施	0.3
6	猪场内免疫接种情况	检查现场和制度	免疫接种疫苗由本场人员负责实施，一头猪换一个针头	免疫接种疫苗由本场人员负责实施，不更换针头	未经隔离的外部防疫服务机构人员进场免疫	0.4
7	病弱猪处理	检查制度	及早、尽快、严格处理	—	处理不及时	0.2
8	猪舍清洗、消毒完，再进猪前空栏时间	检查制度	15 d 以上	7 d	连续生产	0.2
9	种猪舍布局	检查现场和设计	种猪舍实行单元化设施和措施，采取实体墙物理隔离、饮水饲料分栏位区隔离、粪污处理无交叉污染隔离	隔离设施不全	无隔离设施	0.2
10	分娩舍	检查制度	采取全进全出制，分娩舍使用前进行彻底洗消，并空栏 1～2 周	未彻底洗消	没有全进全出	0.3
11	保育舍	检查制度	采取全进全出制，使用前进行彻底洗消，并空栏 1～2 周	全进全出，洗消，但没有空栏期	没有全进全出	0.3
12	育肥舍	检查制度	采取全进全出制，使用前进行彻底洗消，并空栏 1～2 周	全进全出，洗消，但没有空栏期	没有全进全出	0.3
13	外购种猪隔离期	检查制度	45 d 以上	20 d 左右	低于 15 d	0.3
14	猪群饮水	检查制度	用消毒剂进行消毒，确保非洲猪瘟抗原阴性	水消毒不彻底	水不进行消毒直接饮用	0.3

表 4-7　病死猪无害化处理生物安全评估表

序号	评估内容	评估方法	低风险 A	中风险 B	高风险 C	权重
1	建立死猪处理生物安全制度	检查制度	有死猪检查结果和处理记录	记录不完善	无记录	0.1
2	病死猪无害化处理中心	检查制度	在猪场生产区下风向的单独区域,有实体围墙,离猪舍至少 100 m	有独立区域,但没有实体围墙隔离,离猪舍 100 m 以上或者有实体围墙,但离猪舍在 50~100 m	没有实体围墙,离猪舍不足 100 m	0.2
3	场内病死猪无害化处理方式	检查现场和设计	场内焚烧或高温生物发酵	化尸池,深埋,或送交公共无害化处理中心集中处理	随意丢弃,堆肥发酵	0.2
4	转运病死猪车辆及人员	检查现场和制度	人员返回前要进行消毒、更衣,器具须经消毒处理,每次转运完,车辆彻底清洗、消毒并干燥才进行下一次转运	车辆每次只进行洗消,没有进行干燥就进行下一次转运	车辆用完不清洗消毒,人员也不消毒、更衣	0.3
5	病死猪无害化处理监控设施与现场监控	检查现场和制度	有监控,且有生物安全负责人现场监督	有监控,但没有生物安全负责人现场监控	没有监控,不清楚责任人	0.1

4.3.5　猪场自查结果

该猪场的自查结果见表 4-8 至表 4-14。

表 4-8　猪场选址与布局生物安全自评表

序号	评估内容	评估方法	风险等级	权重	得分
1	距离种猪场、生猪屠宰加工厂、有生猪产品销售的市场	查勘测定	B	0.2	1.2
2	距离非本厂专用猪粪收集处理场所、开放式生活垃圾堆放场点	查勘测定	B	0.2	1.2
3	距离相关动物诊疗场所、动物隔离场所、无害化处理场所	查勘测定	C	0.1	0.3

续表 4-8

序号	评估内容	评估方法	风险等级	权重	得分
4	距离城乡居民区、文化教育科研等人口集中区域	查勘测定	C	0.1	0.3
5	距离公路、铁路等主要交通干线	查勘测定	A	0.1	1
6	猪场围墙	检查现场	A	0.3	3
7	猪场防鼠板、防鼠沟	检查现场	A	0.1	1

表 4-9 猪场车辆洗消中心生物安全自评表

序号	评估内容	评估方法	风险等级	权重	得分
1	猪场设立生猪运输车辆洗消点	检查现场	B	0.2	1.2
2	车辆洗消点布局	检查现场	B	0.2	1.2
3	车辆清洗完彻底消毒	检查现场和制度	B	0.4	2.4
4	车辆洗消完进行高温干燥	检查现场	A	0.2	2
5	车辆洗消记录	检查现场和制度	A	0.1	1

表 4-10 场外出猪中转台和出猪台生物安全自评表

序号	评估内容	评估方法	风险等级	权重	得分
1	场外一定距离设立出猪中转站	检查现场	A	0.2	2
2	配备专用车辆从场内转运生猪	检查现场和制度	A	0.2	2
3	中转站设备消毒	检查现场和制度	B	0.2	1.2
4	出猪台的出猪通道	检查现场和制度	B	0.1	0.6
5	猪场内部人员与外部运猪客户接触情况	检查现场和制度	B	0.1	0.6
6	出猪台消毒情况	检查现场和制度	B	0.2	1.2
7	在出猪台或分区隔离出猪通道配备监控设备与现场监控	检查现场	B	0.1	0.6

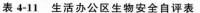

表 4-11 生活办公区生物安全自评表

序号	评估内容	评估方法	风险等级	权重	得分
1	猪场厨房位置	检查现场和设计	C	0.2	0.6
2	厨房肉制品来源	检查现场和制度	C	0.3	0.9
3	猪场蔬菜来源	检查现场和制度	A	0.1	1
4	餐厨垃圾处理	检查现场和制度	A	0.2	2
5	办公区室内外环境定期消毒制度	检查现场和制度	B	0.1	0.6

表 4-12 隔离区生物安全自评表

序号	评估内容	评估方法	风险等级	权重	得分
1	人员进入猪场	检查制度	A	0.4	4
2	按照规定时间隔离后进入生产区	检查制度	A	0.2	2
3	人员隔离区与办公区、养殖生产区布局	检查现场和设计	A	0.2	2
4	进入隔离区所能携带物品消毒	检查现场和制度	B	0.3	1.8

表 4-13 生产区生物安全自评表

序号	评估内容	评估方法	风险等级	权重	得分
1	人员进入猪舍前	检查现场和制度	C	0.2	0.6
2	生产区各功能区布局	检查制度和设计	C	0.3	0.9
3	生产区内净道、脏道划分	检查现场和设计	A	0.3	3
4	鞋底清理	检查现场和制度	A	0.2	2
5	猪舍能有效防止犬、猫、鸟、鼠、蝇进入	检查现场和设计	A	0.3	3
6	猪场内免疫接种情况	检查现场和制度	A	0.3	3
7	病弱猪处理	检查制度	A	0.2	2
8	猪舍清洗、消毒完,再进猪前空栏时间	检查制度	A	0.2	2
9	种猪舍布局	检查现场和设计	B	0.2	1.2
10	分娩舍	检查制度	B	0.3	1.8
11	保育舍	检查制度	B	0.3	1.8
12	育肥舍	检查制度	B	0.3	1.8
13	外购种猪隔离期	检查制度	B	0.3	1.8
14	猪群饮水	检查制度	B	0.3	1.8

表 4-14　病死猪无害化处理生物安全自评表

序号	评估内容	评估方法	风险等级	权重	得分
1	建立死猪处理生物安全制度	检查制度	B	0.1	0.6
2	病死猪无害化处理中心	检查制度	B	0.2	1.2
3	场内病死猪无害化处理方式	检查现场和设计	A	0.2	2
4	转运病死猪车辆及人员	检查现场和制度	B	0.3	1.8
5	病死猪无害化处理监控设施与现场监控	检查现场和制度	B	0.1	0.6

通过计算,该位于重庆万州的猪场生物安全风险评估得分为 71.8 分,按照指标层分数区间为 30～100 分,最终确定≥80 分为低风险,60～80 分为中风险,≤60 分为高风险,该猪场为中风险。

4.3.6　风险控制措施

(1)猪场围墙应进一步完善,建立猪场外围墙、内围墙及生产区围墙三道围墙,且围墙外有防鼠沟或防鼠板。

(2)设立清洗、消毒、烘干等功能和设施齐全的生猪运输车辆洗消点,按照三级洗消的模式开展车辆的洗消,严格区分净区、灰区和脏区,净区、脏区道路不交叉,烘干温度达 60 ℃维持 30 min 或 70 ℃维持 15 min。

(3)距离猪场 1～3 km 处设立出猪中转站,通过专用车辆将猪转移到中转站,客户在出猪中转站运猪,每次出猪后都应洗消、烘干;严格遵守单向通道流动原则,猪只不回流;猪场内部人员与外部人员不接触,不共用工具。

(4)厨房建在生产区外,所有食物煮熟后通过食物传输窗传递,生产区人员与厨房工作人员不接触,不外购肉制品,办公区室内外环境定期消毒。

(5)进入猪场人员在人员洗消室进行严格淋浴、更衣、换鞋,在场区外和场内隔离区隔离 48～72 h,只能携带手机、眼镜等个人物品,且须进行表面消毒后,通过传递窗传入,且单向流动。

(6)人员进入猪舍前应洗手、更衣、换鞋、鞋底消毒,消毒池里的消毒液每天更换;各功能区隔离设立,种猪区与肥育区隔离设置,保持一定间隔,以实体围墙隔离,生产区划分净道和脏道,净道和脏道互不交叉;配备鞋靴、消毒设施设备,每天下班前清洗鞋上污物,经消毒后底部朝上干燥备用;设置防犬、猫、鸟、鼠、蝇进入的设施;种猪舍实行单元化设施和措施,采取实体墙物理隔离、饮水饲料分栏位区隔离、粪污处理无交叉污染隔离;采取全进全出制,分娩舍使用前进行彻底洗消,并空栏 1～2 周;保育猪、育肥猪采取全进全出制,使用前对猪舍进行彻底洗消,并空栏 1～2 周;外购猪隔离期要 45 d 以上;用消毒剂进行消毒,确保非洲猪瘟抗原阴性。

（7）完善死猪检查结果和处理记录，病死猪处理人员返回前要进行消毒、更衣，器具须经消毒处理，每次转运完，车辆彻底清洗、消毒并干燥才进行下一次转运；布置监控，且有生物安全负责人现场监督。

 思考题

1. 生物安全风险评估的流程是什么？
2. 生物安全风险评估的内容是什么？
3. 生物安全风险评估的主要方法有哪些？
4. 除了对养殖场可以进行生物安全风险评估外，还有其他哪些方面可以进行评估？
5. 请尝试设计结合本职工作的生物安全评估体系。

第5章

猪场生物安全系统梳理

【本章提要】本章以非洲猪瘟为例,系统梳理养猪企业在实际生产中遇到的猪场生物安全问题,特别强调生物安全意识的培养。同时,生物安全作为一种制度,需要根据国内养猪企业的特色,把生物安全贯穿在行动中,落实在生产中,进一步完善猪场生物安全体系。

5.1 非洲猪瘟与生物安全

5.1.1 非洲猪瘟的基本情况

非洲猪瘟(African swine fever,ASF)是由非洲猪瘟病毒引起的猪的急性、烈性、高度接触性传染病。该病病程短、死亡率极高。中国发生非洲猪瘟的猪场证明了这一点。

非洲猪瘟原发于非洲,1957年首次从非洲传入葡萄牙,在欧洲广泛传播;1971年开始向西半球传播,2007年传播到格鲁吉亚,并开始向俄罗斯等国家传播,2018年8月我国辽宁省沈阳市发现首起非洲猪瘟疫情。

其临床症状从急性、亚急性到慢性不等,以高热、皮肤发绀、全身脏器广泛性出血、呼吸障碍和白细胞减少为主要特征,发病率和死亡率几乎达100%。

5.1.1.1 非洲猪瘟的流行特点

非洲猪瘟一旦暴发,则可能顽固地存活下来。例如,1957年ASF传入伊利比亚半岛,直到20世纪90年代中期,仍然在部分地区流行;非洲猪瘟从2007年开始在俄罗斯传播,到2019年仍然在部分地区传播。非洲猪瘟流行面广、病毒存活时间长,对养猪业生产带来极大危害,令人十分担忧。

现在普遍认为,非洲猪瘟是由家猪、野猪和软蜱动物传播所致。在非洲,家猪饲养方式以散养方式和私人销售交易为主。在中国,也有一半是小规模或个体饲养,交易方式是经纪人收购猪,因为收猪经济人往往要到很多小猪场去收购,而且没有专业的运输车辆,更谈不上车辆消毒,所以这可能是中国大面积暴发非洲猪瘟的主要因素。

5.1.1.2　非洲猪瘟的传播方式

非洲猪瘟的传播方式是接触传染,主要表现为猪与猪之间的直接传染,通过媒介实现接触传染和通过软蜱动物实现猪与猪之间的传染。

(1)猪与猪直接传染。这种传染主要是猪与猪直接接触,通过唾液、尿液、血液、粪便传播。我国从 10~15 年前开始效仿大圈饲养,猪的密度很大。现在提倡动物福利,开始尝试大群饲养,尤其断乳时把几窝甚至十几窝猪分一下公母直接放到一个大栏中,开始时猪只不适应,可能出现皮肤破裂、流血,大群饲养粪便也很多,猪只友好时出现口腔唾液的交流等。如果执行工厂化、单元管理,传染概率会降低很多。

(2)猪与猪间接传染。转群造成猪与猪间接传染的概率最大。转群需要运输工具,很少对转群车辆进行严格消毒,如打耳缺的钳子、转群挡猪板、转群交接的人群。尤其多点式管理,要用车辆把断乳仔猪运到 5 km 以外的育肥场,这样如果车辆消毒不好就可能造成病毒的传播。间接传播的媒介也包括饲料、饮水和含有猪肉制品的饲料(如血浆蛋白、肉骨粉、掺假鱼粉等)等。同时要考虑到使用清洗不干净的稀料系统等也存在安全隐患。

(3)软蜱动物带来的传染。叮咬了感染猪的软蜱再次叮咬易感猪或被易感猪食入均可造成感染。钝缘软蜱广泛寄生在啮齿动物(如老鼠)、小型哺乳动物(如宠物)、猪、鸟类、灵长类等体表。软蜱在传染过程中不仅起到载体的作用,而且可作为病毒繁殖的宿主和天然的储存库。

5.1.1.3　非洲猪瘟的临床症状

(1)一般症状:嗜睡和厌食、高热、蜷缩、卧地不起、颤抖、腹泻,有的便血和呕吐,结膜炎;皮肤出现瘀斑和发绀(尤其是耳朵、尾巴、腹部、腿部后部较明显);出现神经系统症状(不协调和划水运动等)。也可能造成流产,幸存者将成为终身带毒者,发病率高,死亡率高,一般在感染后 6~13 d 内死亡,最多存活 20 d。

(2)在中国,大部分猪场反映是母猪表现发热症状较多。而国外猪场反映小猪表现临床症状居多。

5.1.1.4　成功根除非洲猪瘟的国家案例

巴西、西班牙有根除非洲猪瘟的经验。巴西于 1978 年启动根除计划,1984 年获得 OIE 无疫认证：①禁止感染区和风险区内的猪自由移动；②对所有猪场实行血清学监测，进行疫情实时监控；③对所有非瘟病毒携带者和感染猪只一律扑杀；④提高猪场卫生和生物安全水平，减少病毒扩散；⑤停止展览、牲畜市场或一切动物会发生相互接触的活动；⑥禁止使用残羹饲喂；⑦进行动物卫生教育和培训。

我国处于养殖转型的阶段，存在很多缺乏生物安全技术防控的家庭散养猪户。例如，养殖密度大、养殖单元多，生猪长距离调运频繁。生猪养殖体量巨大（占国际体量 60%），根除 ASF 遇到的挑战前所未有。

5.1.2　有效防控非洲猪瘟

经验证明，消毒是防治非洲猪瘟蔓延的最好的方法。

第一，增强全产业链的生物安全体系建设显得十分重要。以猪场为核心的上下游产业对非洲猪瘟病毒防控尤为重要。全产业链中，上游是猪场供应商，供给猪饲料、猪保健产品、猪治疗药物和猪用品。上游供应商要确保所供应的产品未被非洲猪瘟病毒感染是关键。下游是将商品猪运输送到屠宰厂，将仔猪送到育肥场，如果在潜伏期把猪运送到下游，到了目的地马上就会暴发非洲猪瘟。因此，实施全产业链非洲猪瘟防控战略就特别重要。

第二，猪场内部对由猪移动造成的非洲猪瘟蔓延要格外重视。在猪场，隔离舍、粪污处理区、病死猪处理区、出猪台、保育舍都属于高风险区。猪常常是在这些区域进行移动，最有可能造成疾病传播。因此要构建系统的猪场内部生物安全体系，并进行风险评估和完善。

第三，建立可持续的全球性研究合作，为促进非洲猪瘟的成功防控和根除，提供科学知识和工具，并实现如下目标：①确定研究机会并促进联盟内的合作；②进行战略性和多学科的合作研究，以便于对非洲猪瘟有更加深入的了解；③确定非洲猪瘟的社会和经济驱动力和其影响；④研发用于支持非洲猪瘟防控的全新的和改进的工具；⑤确定非洲猪瘟防控工具的影响；⑥为全球非洲猪瘟研究协会和相关人员提供交流和技术分享平台。

5.2　非洲猪瘟防控全产业链战略思想

非洲猪瘟防控全产业链战略思想就是对涉及猪及猪肉制品生长、生活、流通的人、环境和载体都要全方位防控。要制定猪及猪肉制品生产、加工、流通的法律法规，建立从业人员职业生物安全文化理念，建立健全发生非洲猪瘟防控应急保障机制。

5.2.1　海关、边境管理

目前,美国进入对非洲猪瘟进行严防死守阶段,首先是从口岸抓起。他们采取的行动是:①与海关和边境保护局(CBP)协作,培训并增加 60 组额外的巡查小队,总共派出 179 组小队巡查商业、海洋和航空港口;②与 CBP 合作,在美国主要的商业海港和空港,进一步扩大筛查,包括检查含有非法猪肉及猪肉产品的货物,并确保可能带来非洲猪瘟风险的旅行者接受二级农业检查;③为防止潜在疾病传播,增加对垃圾处理设施的检查,以确保饲养用垃圾被充分地煮过;④提高操作人员的意识,并鼓励养殖场对其生物安保程序自评;⑤致力于研发准确且可靠的检测程序,以便于对谷物、饲料及其添加剂进行病毒筛查;⑥在北美非洲猪瘟防御、响应和贸易维持的协调方法中,与加拿大和墨西哥官方紧密合作;⑦继续与美国猪肉行业领导层保持高层协调,确保努力防止非洲猪瘟的引入。

伴随着对外开放,国际间交流是不可避免的,交流中要加强对海关的检查和缉私力度,防止外来猪及其猪肉产品的引进带来非洲猪瘟隐患。

第一,严格控制进口猪肉及其制品。在中国多部门管理的猪肉市场情况下,难免不同部门出于不同考虑去采购国外猪肉及其制品。2017 年全年进口猪肉 126 万 t,2018 年全年进口猪肉 120 万 t,2019 年我国猪肉进口达 210 多万 t,因此加强海关管理,降低外来猪肉产品带来的非洲猪瘟风险尤为重要。

第二,严格检查出入境人员管理。对非洲猪瘟的研究发现,人是引起非洲猪瘟传播的首要因素。一方面人把猪从一个地方移动到另外一个地方,带来非洲猪瘟的传染。另一方面人本身移动带来非洲猪瘟的感染概率增加,尤其经常在猪场服务的人员,经常是从一个猪场到另一个猪场,特别是跨国服务的专家、学者也要严格把握和安全检查。要增强海关监管人员的生物安全隐患的防范意识。

5.2.2　加强产业链上游生物安全意识

第一,要控制猪场上游产品生产环节的生物安全隐患。以猪场为中心的上游产业(包括饲料、保健品、药品、用具等)的供应商是带给猪场非洲猪瘟疫情的重要隐患。对饲料原料的检查、筛选非常重要。在养猪成本中 70% 是饲料成本,需要天天进料,同时上游产品供应量很大,要对每批产品进行安全检验。生产厂家要建立猪场信赖的生物安全体系,按照生产流程落实相应的检查制度。饲料等产品进入猪场也要严格进行消毒、熏蒸。

第二,要控制上游产品运输环节的生物安全隐患。非洲猪瘟已经明确是接触传染,只要有接触就有传染的机会。所以对接触物要严格进行消毒控制,否则物料运输风险很大。

第三,要控制上游产品到猪场交接环节的生物安全隐患。大型物料不能通过中转站进入猪场,需要由猪场的车辆运送到猪场内部,这是上游供应商与猪场接触最大一次的风险。据悉,PIC 在猪场 5 km 外有一个与猪场对接的车辆,严格避免外来车辆与人员和猪场车辆与人员的接触。

5.2.3　加强猪场自身生物安全管理

第一,猪场核心人物的管理。猪场最大的安全隐患是猪场场长和兽医师。猪场场长为了检查工作,落实生物安全责任,需要到猪场任何角落。如果对自身管理不善就成为非洲猪瘟的重要传播者。在中国,猪场规模一般较小,但如果变换猪舍间不换鞋、不洗手、不消毒,确实非常危险。猪场兽医师也是如此,为了观察猪只精神状态,判断猪只健康,需要四处巡视,这也存在较大的风险。

第二,建立生物安全责任制度。在猪场,对已制定的生物安全体系法律、法规、规章进行逐一检查,确保生物安全制度严格实施与落实。

5.2.4　加强猪场下游的生物安全意识

第一,加强生猪销售经纪人的管理。因为,部分小猪场都是通过经纪人的方式销售商品猪,经纪人是非洲猪瘟传播的最大因素。现在养猪业发展需要龙头企业带动,养猪分工进一步明确定位,收猪工作应由龙头企业负责,直接送到屠宰厂。

第二,强化对屠宰企业的管理。在现阶段,企业都要遵守现有的动物防疫法和屠宰加工管理条例。

5.3　后非洲猪瘟时代猪场生物安全制度落实

5.3.1　恢复生产

2019 年 4 月 8 日,农业农村部部长会见来华参加非洲猪瘟防控国际研讨的世界动物卫生组织(OIE)总干事艾略特说,我国有 21 个省份的疫情全部解除封锁。这就意味着,下一步我们要审时度势的恢复生猪生产。要恢复养猪生产,我们要做好如下工作。

(1)严格检查消毒、清理情况。根据非洲猪瘟病毒的特点,严格对已经发生非洲猪瘟的猪场进行测定消毒。据研究表明,非洲猪瘟病毒在自然条件下可以长期存活,在血液、粪便和各种组织中长期保持感染性。在阴暗条件下,病毒在血液中可以存活 6 年,在低于 23 ℃时,病毒在血液和土壤混合物中的感染性可保持 120 d,可在感染猪分泌物和环境污染物中长期存活,可在粪便中存活 160 d,在土壤中存活 190 d,在冰冻肉尸中可以存活 100 d 以上,在骨髓中可以存活长达 7 个月。因此,对发生非洲猪瘟的猪场至少在 6 个月后才考虑生产。消毒方式是在猪舍内进行完全消毒,包括天蓬、猪栏、地板下粪污处理消毒,不留死点和空白点。

(2)周边疫情的侦查。根据周边疫情情况决定复产。一般说来,在周边 3 km 内没有新疫情发生,当然周边曾经发生过疫情并已经解除封锁是前提。

(3)复检安全隐患。安全隐患无时不在,要对复产的猪场进行再次排查,排查要采取抽样调查方式进行。在不同猪舌取不同点作为样本,每间猪舍都要取样,都要有样本。

(4)不主张使用哨兵猪检验。很多人建议使用哨兵猪进行复产检验。这种做法也不够全面,一是希望这些排雷猪每个角落走一遍,未必能做到;二是这样做不科学,除非做到安排隐患的暴露,使用 20% 存栏的哨兵猪费用也很好;三是担心哨兵猪处于排毒潜伏期;四是不够经济。

5.3.2 强化生物安全管理

复产后的猪舍要严格监视猪群状态,不可以掉以轻心。

(1)彻底贯彻生物安全管理制度。疫情后,大家对生物安全体系已经有很高的认识。现在各车间班组都要强化生物安全教育。要从每个负责单元的负责人做起,从兽医做起,每周例要讲生物安全,检查工作落实情况。建议用物联网技术,通过远红外监视来督查卫生死角。

(2)建立和培养生物安全文化。建议培养员工生物安全文化。在新形势下,人们经历了前所未有的非洲猪瘟疫情,需要齐心协力,众志成城,形成消灭非洲猪瘟的共识,培养生物安全文化氛围。

(3)突击检查生物安全措施是否到位。努力建设一支敬畏猪场生物安全的员工队伍,但还要对执行情况进行监督,必要时采取突击检查。要使猪场生物安全成为企业文化的一部分。

5.3.3 监测猪群动态

(1)使用物联网技术监测猪群状况。严格贯彻和执行生物安全制度的结果都表现在猪群的精神状态上。用物联网技术进行猪群扫描,可以发现个别猪群或猪只不健康的个体,并记录下来耳号,有针对性地及时排查群体和个体。

(2)通过饲料、饮水监测猪群状况。吃料、饮水是观察猪群健康的最好形式。为了精准监督,可采用母猪群养系统、猪群分拣系统等能精准定位,发现具体某一头猪的进食和饮水动态。根据数据统计进行分析整体猪群健康动态,也可以找出个别猪只的不良反应。

5.3.4　强化病死猪处理

病死猪是感染猪,对于非洲猪瘟,一旦感染无法挽救,只能早发现,早处理。

(1)病死猪最好是焚烧。但很多猪场不具备这样实施的条件,在非洲猪瘟突发时,迫不及待在本场挖深沟进行掩埋。这样很不科学,容易出现第二次污染。要把病死猪的处理工作做到常规化,才能有备无患。

(2)对托运病死猪的车辆要严格管理与消毒。车辆是最危险的传染媒介,要对车辆彻底消毒,尤其是猪舍内的手推车,更加要重视消毒处理,最好是手推车专用,不要在不同猪舍间进行走串,避免造成交叉感染。避免清理病死猪车辆交叉感染,同时也避免清理病死猪的人员交叉感染。

5.4　后非洲猪瘟时代猪场生物安全体系构建

5.4.1　猪场设计原则

(1)脏道净道原则。以前,在工厂化猪场设计时坚持脏道净道原则设计猪场。最近5年很多猪场都采取美国模式,进行大跨度设计,这种猪场不利于非洲猪瘟防控,尽管猪舍内几乎没有车辆同行,但还有人员流动,要明确人员流动方向,即"单行线",不能逆势而行。但猪舍外面要严格设立脏道净道,不能出现交叉感染。

(2)猪猪不交叉原则。已经非常明确非洲猪瘟可通过猪与猪之间接触传染,这样就要特别注意猪猪交叉和接触。人工授精是很好的配种形式,可避免公猪与母猪的直接接触。

(3)人人不交叉原则。人人交叉也是非洲猪瘟传染的重要途径。在我国一些小规模猪场都是人工清粪、人工喂料,但要尽量避免送料车与饲养员的接触,送料走向也要采取"单行线"的原则。

(4)粪便处理原则。粪便是最大的传染源,所以给非洲猪瘟防控带来难度。尤其采取人工清粪的猪场要特别注意。第一,每一个猪舍单独清粪,一直将粪便送出猪舍;第二,每个生产区要设立粪便集中收集处理专员。收粪专员按照规定动作从每栋猪舍路过,集中搜集、处理,行走路线也是采取"单行线"的原则。

(5)病死猪处理原则。主张病死猪要采取无害化处理原则。搜集病死猪也要固定行走路线,也是采取"单行线"的原则。

(6)有害生物防治原则。有害生物防治不能单纯理解成只进行"防鼠",还有蚊蝇、飞鸟,同时驱虫也很重要。

(7)粪沟、地面不交叉污染原则。粪沟和地面直接接触,最容易造成污染。有些猪场消毒时把粪沟盖板掀起来消毒,漏缝地板两侧都消毒得很彻底。

(8)远红外线监控、涉足雷区报警原则。对人的管理尤为困难。可利用互联网技术、远红外线技术,对违规行为进行记录和报警。

5.4.2　物料搬运原则

(1)物料消毒、熏蒸制度。为了便于物料消毒,可以采取批次化办法进行。每周上报一次计划,周末进料,采取集中消毒办法。第一关是在猪场采购前端消毒,避免供应商所提供的物料带毒进入猪场。第二关是物料出库前进行消毒。第三关是物料进入每个工作区再次进行消毒。

(2)设立第三方物料领取平台,防止接触传染和不必要的外来传播媒介,尽量避免与送物料人的接触。特别要注意,现在电子商务这样发达,员工网购已经成为习惯,每天有大量邮件快递到猪场,要格外小心。

(3)物料安全抽检制度。大量物料进场,除批次消毒管理外,还要对物料进行抽样检查,及时发现病毒,尽快处理疫情隐患。

5.4.3　饲料与饮水原则

(1)饮水很关键。要定期到质量监督部门检验水质,出具证明。但水质部门是不出具非洲猪瘟病毒检验报告,要主动到兽医监督部门去检验,也可以委托第三方检测机构出具报告。

(2)从原料检验做起。建立原料数据库,从过去重点检查水分、营养成分到病毒、细菌检验。自配料企业要对每批原料样品进行抽样检测。在生产过程中也要抽取样品进行检测。尤其添加剂用量少,更要注意安全隐患。

(3)成品饲料进入场区要消毒、熏蒸。成品饲料也要进行消毒,因为饲料比任何意见物品传染机会都多。

5.4.4　与上游企业的关系

(1)监督供应商。曾经主张要选择国际、国内知名品牌供应商,但光靠这一点也不够,还要有权利了解供应商生产工艺,对生产过程进行监督。采取公开、透明的原则,对供应商的虚假行为进行曝光。

(2)强调知情权。对上游采购原料质量、检验结果要有知情权。上游供应商也有义务让客户知晓涉及猪场生物安全方面的知情权。

(3)强化法律监督。对上游提供的药品、疫苗要对质量进行监控,索要国家质量和技术监督部门出具的报告。与供应商之间要以法律作为准绳,以书面合同为依据,与供应商公平公正公开地签订合同。

参考文献

[1] 陈焕春.非洲猪瘟[R].广西南宁:纪念中国改革开放养猪 40 年大会,2018.

[2] 何孔旺,肖琦,陈昌海.猪场生物安全体系建设与非洲猪瘟防控[M].北京:中国农业科学技术出版社,2020.

[3] 李鹏.重大动物疫病状况评估指标体系建设及研究[D].内蒙古农业大学,2014.

[4] 刘智.新式洗车烘干站在中国的建设和应用效果[R].河南郑州:非洲猪瘟防控国际交流会,2019.

[5] 孙爱军,王芮,朱潇静,等.非洲猪瘟相关检测及猪场生物安全防控研究进展[J].中国兽医学报,2021,41(5):1023-1030.

[6] 孙德林.2018 年中国养猪业发展研究报告[R].北京:生猪产业技术体系北京市创新团队,2019.

[7] J. A. 托马斯(John A. Thomas),R. L. 富克斯(Roy L. Fuchs).生物技术与安全性评估[M].3 版.林忠平,译.北京:科学出版社,2007.

[8] 王闯,刘建,孙勇,等.非洲猪瘟环境下规模化猪场"六部曲"生物安全体系的构建[J].黑龙江畜牧兽医,2021(4):18-21.

[9] 王功民,田克恭.非洲猪瘟[M].北京:中国农业出版社:2010.

[10] 吴买生,武深树.生猪规模化健康养殖彩色图册[M].长沙:湖南科学技术出版社,2016.

[11] 杨公社.猪生产学[M].北京:中国农业出版社,2002.

[12] 杨敏,邓继辉.养殖场环境卫生与畜禽健康生产[M].重庆:重庆大学出版社,2020.

[13] 张改平.非洲猪瘟事件与猪场防控体系建设[R].广西南宁:纪念中国改革开放养猪 40 年大会,2018.

[14] 赵希彦,郑翠芝.畜禽环境卫生[M].2 版.北京:化学工业出版社,2020.

[15] 中国动物疫病预防控制中心.规模猪场(种猪场)非洲猪瘟防控生物安全手册[M].北京:中国农业出版社,2019.

[16] 中国合格评定国家认可中心编著.生物安全实验室认可与管理基础知识 风险

评估技术指南[M].北京:中国标准出版社,2012.

[17] 周勋章,李广东,孟宪华,等.非洲猪瘟背景下不同规模养猪户生物安全行为及其影响因素[J].畜牧与兽医,2020,52(2):133-141.

[18] 朱增勇.2019 猪肉进口预期创新高[DB/OL]. http://www.kemin.cn/sohw－407.html.

[19] ABRAHAM J. Swine Production and Management[M]. London：Taylor & Francis Group，2020.

[20] ALARCÓN L V, ALLEPUZ A A, MATEU E. Biosecurity in pig farms：a review[J]. Porcine Health Management，2021，7(1)：5-15.

[21] ALLEPUZ A，MARTÍN-VALLS G E，CASAL J. Development of a risk assessment tool for improving biosecurity on pig farms[J]. Preventive Veterinary Medicine，2018，153：56-63.

[22] BROTHWELL H. Tips to improve pig unit cleanliness and biosecurity[J]. Farmers Weekly，2020，173(1)：32-33.

[23] CARR J，HOWELLS M. Biosecurity[J]. Livestock，2020，25(3)：150-154.

[24] CONNOR J. Truck wash biosecurity critical [J]. National Hog Farmer，2014.

[25] EVANS P. Biosecurity for pig production[J]. Stockfarm，2017，7(6)：53-53.

[26] GEOFF P，IAN D，JAKE W. Biosecurity：reducing disease risks to pig breeding herds[J]. In Practice，2005，27(5)：230-237.

[27] None. Pig producers urged to review biosecurity as ASF and PED spread [J]. Veterinary Record，2014，174(6)：159-173.

[28] Qiu Dewen. Biological control for a healthy planet[M]. 北京:中国农业科学技术出版社,2018.

附录 拓展资源

请登录中国农业大学出版社教学服务平台"中农 De 学堂"查看：

1. DB11/T 1799—2020　生猪养殖场生物安全规范(北京市)
2. DB21/T 3386—2021　规模猪场出猪生物安全技术规范(辽宁省)
3. DB34/T 3661—2020　规模化猪场非洲猪瘟生物安全防控技术规范(安徽省)
4. DB22/T 3135—2020　规模化猪场生物安全防控技术规范(吉林省)
5. DB42/T 1560—2020　规模猪场生物安全建设与管理规范(湖北省)
6. DB41/T 2064—2020　养猪场防控非洲猪瘟生物安全技术规范(河南省)
7. 《动物防疫条件审查办法》(中华人民共和国农业部令 2010 年　第 7 号)
8. 农业农村部关于《动物防疫条件审查办法(修订草案征求意见稿)》公开征求意见的通知

《猪疫病防控技术》
在线开放课程